# KLAUSUREN



## Physik Oberstufe

Borges · Grigull · Hermann-Rottmair

STARK

**Bildnachweis**

Umschlag: © motorradcbr – Fotolia.com
Seite 1: Edward Aspera Jr./U.S. Air Force
Seite 47: © Alexey Klementiev – Fotolia.com
Seite 97: ESRF © 2008 A. Petricola
Seite 131: NASA/JPL-Caltech
Seite 133: © www.CalSky.com
Seite 141: These images/animations were created by Prof. Andrea Ghez and her research team at UCLA and are from data sets obtained with the W. M. Keck Telescopes.

ISBN 978-3-86668-820-9


www.stark-verlag.de

# Inhalt



*Fortsetzung siehe nächste Seite*

**Autoren:**
Florian Borges (Klausuren 2 bis 4 und 9 bis 13),
Dr. Stephan Grigull (Klausuren 1 und 5 bis 8 und 14),
Ferdinand Hermann-Rottmair (Klausuren 15 und 16)

# Vorwort

**Liebe Schülerin, lieber Schüler,**

im **Physikunterricht** der Oberstufe werden Sie in drei der folgenden vier großen Themengebiete unterrichtet und können in diesen Themengebieten auch am Ende Ihr Abitur ablegen:

- Elektrische und magnetische Felder, spezielle Relativitätstheorie
- Schwingungen und Wellen
- Physik der Atome, Kerne und Quanten
- Astrophysik

Dieser **Klausurentrainer** bietet Ihnen zu jedem dieser Themengebiete eine Sammlung von sorgfältig konzipierten Musterklausuren, die im Schulalltag erprobt sind. Mit diesen Klausuren können Sie sich **selbstständig** und zielgerichtet auf die Klausuren der Oberstufe und das Abitur vorbereiten und die Prüfungssituation vorab trainieren.

Die Reihenfolge des Unterrichtsstoffs in der Oberstufe und auch der Zeitpunkt der Klausuren variieren. Sie finden deshalb zu jeder Klausur ein **ausführliches Inhaltsverzeichnis**, anhand dessen Sie individuell die für die nächste Klausur passenden Musterklausuren oder auch Klausurteile heraussuchen können. Da viele Themengebiete in der Physik der Oberstufe ineinandergreifen und sich überschneiden, sollten Sie auch das Inhaltsverzeichnis der anderen Themengebiete genau lesen, wenn Sie sich für eine Klausur vorbereiten.

Ideal können Sie mit dem Buch arbeiten, wenn Sie sich mit Ihrem Aufschrieb und Ihrem Lehrbuch den Physikstoff für die nächste Klausur aneignen, dann eine passende Musterklausur aus diesem Klausurentrainer heraussuchen und diese unter prüfungsähnlichen Bedingungen einige Tage vor der angesetzten Klausur bearbeiten.

Die folgenden Elemente des Buchs helfen Ihnen dabei, Ihren Leistungsstand richtig einzuschätzen:

- Ausführliche, schülergerechte **Lösungen**, die mit zusätzlichen Kommentaren für ein besseres Verständnis versehen sind.
- **Hinweise und Tipps**, wenn Ihnen der Einstieg in eine Aufgabe Probleme macht. Die Hinweise und Tipps stehen zwischen der Musterklausur und den Lösungen. Hier sollten Sie nachschauen, bevor Sie sich die Gesamtlösung ansehen.

- Die **Bearbeitungszeit** jeder Musterklausur beträgt **70 Minuten**. Mit ca. 10 Minuten Einlesezeit und 10 Minuten Zeit für die Organisation in der Schulstunde sind die Musterklausuren damit für eine Doppelstunde angelegt. Die für jede Teilaufgabe veranschlagte Bearbeitungszeit ist in den Lösungen angegeben, damit Sie kleinschrittig prüfen können, ob Sie im richtigen Tempo arbeiten.
- In jeder Musterklausur können Sie **70 Bewertungseinheiten** (BE) erreichen. Dabei sind in der Musterlösung die Bewertungseinheiten auf einzelne Lösungsschritte heruntergebrochen, sodass Sie Ihre Leistung in der Musterklausur anhand folgender Tabelle genau beurteilen können.

| **Punkteschlüssel** | | | | | | | | |
|---|---|---|---|---|---|---|---|---|
| Punkte | 15 | 14 | 13 | 12 | 11 | 10 | 9 | 8 |
| BE | 70–69 | 68–67 | 66–65 | 64–62 | 61–59 | 58–56 | 55–53 | 52–49 |
| Punkte | 7 | 6 | 5 | 4 | 3 | 2 | 1 | 0 |
| BE | 48–45 | 44–41 | 40–37 | 36–33 | 32–29 | 28–23 | 22–15 | 14–0 |

- Die Zahl der „Nüsse“ im Aufgabenteil informiert Sie über den **Schwierigkeitsgrad** einer Aufgabe.

 einfach

 mittel

 schwer

Wir wünschen Ihnen viel Freude und ein gutes Vorankommen bei der Arbeit mit diesem Buch sowie viel Erfolg in Ihren Physik-Klausuren und dem Abitur.

Florian Borges
Dr. Stephan Grigull
Ferdinand Hermann-Rottmair

# Klausuren zum Themenbereich 1

- Felder und Feldlinien
- Elektrisches Potenzial
- Kondensator und Energiespeicher
- Elektromagnetische Induktion
- Bewegung geladener Teilchen in elektrischen und magnetischen Feldern
- Spezielle Relativitätstheorie

# Klausur 1

BE

**1** a) Was versteht man in der Physik unter dem Begriff elektrische Ladung? Geben Sie auch Symbol und Einheit der elektrischen Ladung an. 3

b) Charakterisieren Sie die jeweils auf die beiden geladenen Körper links und rechts wirkenden Kräfte durch Kraftpfeile.

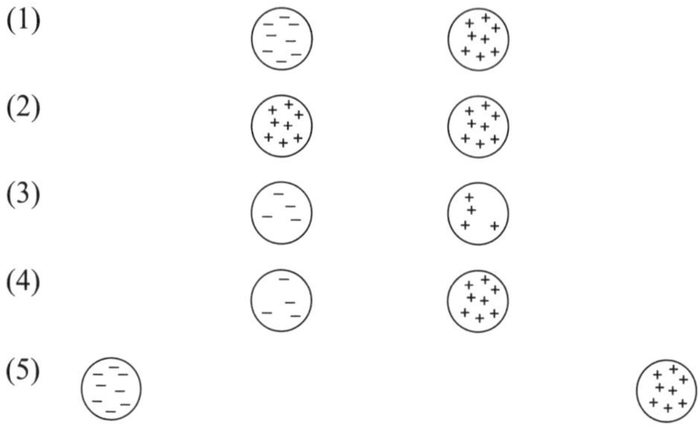


5

c) Nennen Sie ein gemeinsames und ein unterschiedliches Merkmal der Wechselwirkung elektrisch geladener Körper und der Gravitation. 2

d) Ein Lehrer möchte seine Schüler davon überzeugen, dass die Wechselwirkung elektrisch geladener Körper nichts mit Magnetismus zu tun hat. Deshalb lädt er einen Tischtennisball durch Reiben mit einem Wolltuch elektrisch auf und nähert ihn dann etwas seitlich einer Spitze einer Kompassnadel. Zu Überraschung des Lehrers dreht sich nun die Nadel zum Tischtennisball hin.

(1) Geben Sie für das überraschende Versuchsergebnis eine physikalische Erklärung an. Veranschaulichen Sie Ihre Überlegungen durch eine Skizze.

(2) Beschreiben Sie einen Versuch, mit dem man zeigen kann, dass die magnetischen Eigenschaften der Kompassnadel für ihr Verhalten bei Annäherung des Tischtennisballs ohne Bedeutung sind.

(3) Wie wird sich die Nadel verhalten, wenn man den Ball in die Nähe der anderen Spitze bringt? Begründen Sie Ihre Erwartung. 9

e) In einer Vakuum-Elektronenröhre treten aus einem glühenden Wolframdraht (Länge: 3 cm, Durchmesser: 0,1 mm) Elektronen aus. In einer Minute wird eine Ladungsmenge von 0,12 C abgegeben. Wie viele Elektronen haben in dieser Zeit den Draht verlassen? Vergleichen Sie diese Zahl mit der Anzahl der insgesamt im Draht vorhandenen Elektronen. Die Dichte von Wolfram beträgt $19{,}3\,\frac{\text{g}}{\text{cm}^3}$. 8

**2** In einer industriellen Abgaspartikelfilteranlage strömen Staubteilchen durch eine Anordnung paralleler Metallplatten, in deren Zwischenräumen parallel zu den Platten Drähte gespannt sind. Die Platten sind mit dem positiven Pol einer Hochspannungsquelle verbunden, die Drähte mit dem negativen Pol.

a) Charakterisieren Sie die Wirkung eines einzelnen elektrisch geladenen Drahts (Drahtrichtung senkrecht zur Papierebene) auf die ebenfalls geladenen Partikel durch Kraftpfeile. Erklären Sie anhand der Darstellung den Begriff elektrisches Feld. Warum ist es nicht sinnvoll, die Stärke eines elektrischen Feldes mit der Kraft gleichzusetzen, die es auf elektrisch geladene Körper ausübt? 10

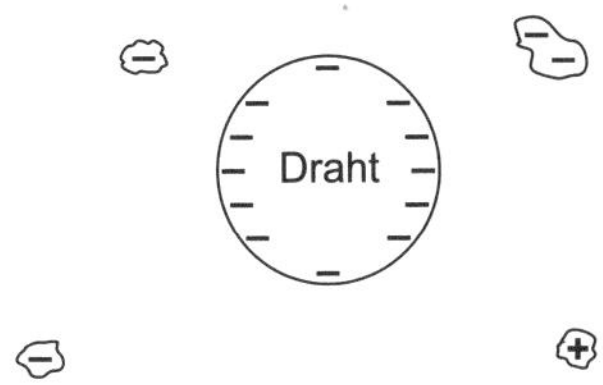


b) Betrachtet wird jetzt die Wirkung zweier benachbarter Drähte $D_1$ und $D_2$ auf in der Nähe befindliche Staubteilchen. Ein negativ geladenes Teilchen befindet sich im Punkt A. Bestimmen Sie zeichnerisch ungefähr die Richtung, in die das Teilchen beschleunigt wird.

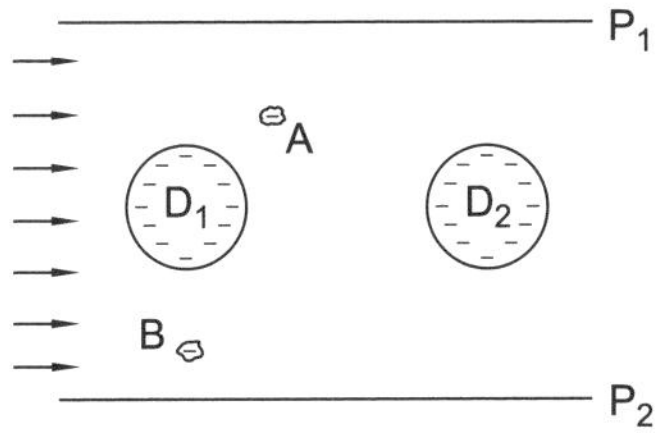


Erläutern Sie Ihre Lösung, bei der Sie den Einfluss der Platten $P_1$ und $P_2$ vernachlässigen.
Skizzieren Sie den weiteren Verlauf der Bahn des Teilchens unter der Annahme, dass es aus dem Ruhezustand in A startet. Geben Sie für den Verlauf eine Begründung an. 12

c) Skizzieren Sie zu der Anordnung aus Teilaufgabe b ein Feldlinienbild. Berücksichtigen Sie dabei jetzt die Anwesenheit der mit dem Pluspol der Hochspannungsquelle verbundenen Metallplatten $P_1$ und $P_2$. Welches der Teilchen A oder B wird in der angegebenen Position durch das Feld stärker beschleunigt? Entscheiden Sie, ob dies an Ihrem gezeichneten Feldlinienbild erkennbar ist, und begründen Sie Ihre Entscheidung. 8

d) Schätzen Sie durch eine geeignete Rechnung ab, ob durch den Filter fliegende Staubteilchen durch das elektrische Feld so stark beschleunigt werden, dass sie sich quer zur Einströmungsrichtung (Pfeile im Bild) mindestens so schnell bewegen wie in einer typischerweise verwendeten Luftströmung von etwa $10\,\frac{\text{m}}{\text{s}}$. Dies wäre für eine effektive Filterwirkung wünschenswert. Die mittlere Feldstärke im Filtervolumen sei $2 \cdot 10^5\,\frac{\text{N}}{\text{C}}$, der Abstand zwischen Drähten und Platten sei 5 cm und ein mikrometergroßes Staubteilchen wiege $10^{-15}$ kg und trage die Ladung –5e. 10

e) Warum wird die Querbewegung der Teilchen in der Praxis langsamer ablaufen, als es das Ergebnis aus Teilaufgabe d aussagt? 3

## Hinweise und Tipps

**1** b) • Die Länge eines Kraftpfeils ist ein Maß für den Betrag der Kraft.
- Beachten Sie das Wechselwirkungsprinzip für Kräfte.

c) Denken Sie an die möglichen Erscheinungen, die aufgrund dieser Wechselwirkungen beobachtet werden.

d) Setzen Sie bei der Erklärung Ihre Kenntnisse über den mikroskopischen Aufbau metallischer Körper ein.

e) • Wie viel Ladung trägt ein einzelnes Elektron?
- Mit der Masse eines Wolframatoms können Sie die Anzahl der Wolframatome im Draht bestimmen.

**2** a) • Orientieren Sie sich beim Zeichnen der Kraftpfeile an Ihrer Lösung zu Teilaufgabe 1 b.
- Gehen Sie bei der Erklärung des Begriffs elektrisches Feld von den auf die einzelnen Teilchen wirkenden Kräften aus. Berücksichtigen Sie besonders die Unterschiede zwischen diesen Kräften.
- Die Feldstärke soll ein bestimmtes Raumgebiet charakterisieren – nicht darin befindliche Körper, die aufgrund des Feldes bestimmte Wirkungen erfahren.

b) • Wenden Sie das Superpositionsprinzip für Kräfte an.
- Verschieben Sie zur Bestimmung der Teilchenbahn das Teilchen aus A ein Stück in die vorher von Ihnen bestimmte Richtung und bestimmen Sie zeichnerisch eine neue Beschleunigungsrichtung.

c) • Beachten Sie die Regel für den Verlauf elektrischer Feldlinien an Metalloberflächen.
- Sie können die Überlegungen zur Lösung der Teilaufgabe b zur genaueren Bestimmung des Feldlinienverlaufs einsetzen.

d) • Gehen Sie von einer gleichmäßig beschleunigten Bewegung aus.
- Bestimmen Sie die Zeit, die für die Beschleunigung eines Teilchens maximal zur Verfügung steht.

e) Berücksichtigen Sie die Anwesenheit von Luftmolekülen im Filtervolumen.

## Lösung

**1** a) 3 Minuten,

Als elektrische Ladung bezeichnet man eine Eigenschaft von Körpern, 1
aufgrund derer diese miteinander wechselwirken. Die Wechsel-
wirkung äußert sich in Form von anziehend oder abstoßend wirkenden 1
Kräften. Symbole für die elektrische Ladung sind die Buchstaben Q, q. 1
Ihre Maßeinheit ist das Coulomb.

b) 6 Minuten,

(1)  1

(2)  1

(3)  1

(4)  1

(5)  1

Hinweise zur Zeichnung:

- Höhere Ladung jedes Körpers bei gleichem Abstand der Ladungen bedeutet eine größere Kraft, d. h. einen längeren Kraftpfeil.
- Auch bei ungleicher Ladungsmenge (Fall 4) wirken nach dem Wechselwirkungsprinzip auf beide Körper Kräfte von gleichem Betrag.
- Bei größerem Abstand der Ladungen wird die Kraft zwischen den Ladungen kleiner.

c) 4 Minuten,

Beide Wechselwirkungen werden durch paarweise wirkende Kräfte beschrieben, die im Allgemeinen mit der Entfernung der Körper abnehmen. 1
Gravitation äußert sich ausschließlich durch anziehende Kräfte.
Zwischen elektrisch geladenen Körpern wirken anziehende oder abstoßende Kräfte. 1

d) 10 Minuten, /

(1)

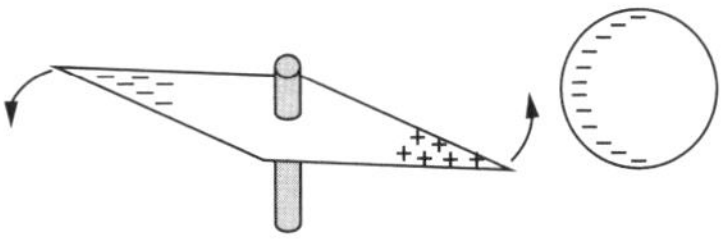

2

Hinweise zur Zeichnung:

- Beim Tischtennisball sammeln sich die negativen Ladungen an der Seite, die zur Kompassnadel zeigt.
- Bei der drehbaren Kompassnadel sammeln sich positive Ladungen an der Spitze, die in der Nähe des Balls ist. Die gleiche Anzahl negativer Ladungen sammeln sich an der anderen Spitze.

Die Nadel besteht aus Metall. Bei Annäherung des negativ geladenen Balls wirkt auf die in der Nadel vorhandenen frei beweglichen Elektronen aufgrund ihrer eigenen negativen Ladung eine Kraft, durch die sie zu der dem Ball abgewandten Spitze der Nadel verschoben werden. An dem dem Ball zugewandten Ende der Nadel verbleiben nur elektrisch positiv geladene Atomrümpfe. 3

(2) Man führt den Versuch mit einer Nähnadel aus, die man in der Mitte an einem Faden aufhängt, sodass sie horizontal ausgerichtet ist. Bei Annäherung des Tischtennisballs wird sich die Nadel ähnlich verhalten wie die Magnetnadel. 2

(3) Auch in diesem Fall wird sich die dem Ball zugewandte Spitze zum Ball hinbewegen, da jetzt die frei beweglichen Elektronen zur anderen Spitze verschoben werden. 2

e) 8 Minuten,

Anzahl der abgegebenen Elektronen:

$$n_e = \frac{Q}{e} \approx \frac{0{,}12\ \text{C}}{1{,}6 \cdot 10^{-19}\ \text{C}} = 7{,}5 \cdot 10^{17}$$ 1

Masse des Drahts:

$$m = \rho \cdot V = \rho \cdot \ell \cdot \pi \cdot r^2$$

$$= 19{,}3\ \frac{\text{g}}{\text{cm}^3} \cdot 3\ \text{cm} \cdot \pi \cdot (0{,}005\ \text{cm})^2 \approx 4{,}5 \cdot 10^{-3}\ \text{g}$$ 2

Masse eines W-Atoms:

$$m_W \approx \frac{184\ \text{g}}{1\ \text{mol}} \approx \frac{184\ \text{g}}{6{,}022 \cdot 10^{23}} = 3{,}1 \cdot 10^{-22}\ \text{g}$$ 1

Anzahl der Atome im Draht:

$$N = \frac{m}{m_W} \approx \frac{4{,}5 \cdot 10^{-3}\,g}{3{,}1 \cdot 10^{-22}\,g} \approx 1{,}5 \cdot 10^{19}$$ 1

Anzahl der Elektronen im Draht:

$$N_e = N \cdot Z \approx 1{,}5 \cdot 10^{19} \cdot 74 \approx 1{,}1 \cdot 10^{21}$$ 1

Anteil der abgegebenen Elektronen:

$$\frac{n_e}{N_e} \approx \frac{7{,}5 \cdot 10^{17}}{1{,}1 \cdot 10^{21}} \approx 7 \cdot 10^{-4}$$ 1

Durch das Glühen wurde weniger als ein Tausendstel (0,1 %) der im Draht befindlichen Elektronen abgegeben. 1

**2** a) 10 Minuten, /

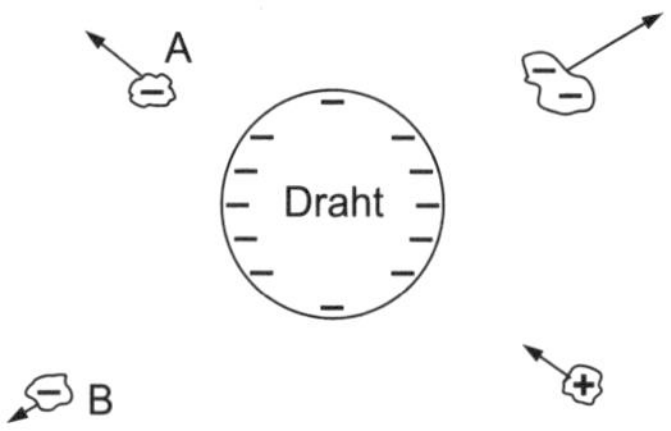


4

Hinweise zur Zeichnung:

- Kraftpfeile weisen radial vom Draht weg für negative Ladungen und radial zum Draht hin für positive Ladungen.
- Kraftpfeil für Teilchen A ist länger als der Kraftpfeil für Teilchen B.
- Kraftpfeil für Teilchen mit 2 negativen Ladungen ist größer als der für 1 negative Ladung, wenn die Ladungen ca. denselben Abstand vom Draht haben.

Durch den Begriff elektrisches Feld wird ein Raumbereich beschrieben, in dem auf ruhende elektrisch geladene Körper bestimmte Kräfte wirken. Betrag und Richtung dieser Kräfte hängen vom Ort der Körper ab. So wirkt z. B. auf Teilchen A wegen seiner geringeren Entfernung vom Draht eine größere Kraft als auf Teilchen B. Die Richtungen der beiden Kräfte sind verschieden, da die gedachten Verbindungslinien zwischen Draht und Teilchen aufgrund deren jeweiliger Lage in verschiedene Richtungen zeigen. 4

Der Betrag der Kraft wird nicht nur durch Eigenschaften des Feldes bestimmt, sondern auch durch die Ladung eines elektrischen Probekörpers oder hier eines Staubteilchens. 2

b) 10 Minuten,

Die Richtung der auf das Teilchen in A wirkenden Kraft wird durch Superposition der beiden von $D_1$ und $D_2$ auf das Teilchen ausgeübten Kräfte $\vec{F}_1$ und $\vec{F}_2$ bestimmt. 5

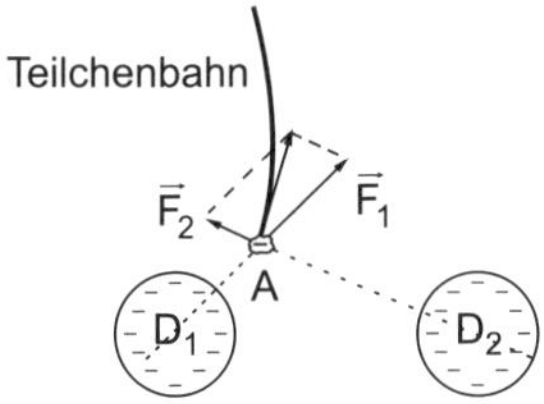


Hinweise zur Zeichnung:
- Der Kraftpfeil zu $\vec{F}_2$ ist kürzer als der zu $\vec{F}_1$, da A von $D_2$ weiter entfernt liegt als von $D_1$.
- Die Kraftpfeile zeigen entlang der gestrichelten Verbindungslinien zwischen A und den Mittelpunkten der beiden Drahtquerschnitte.

Begründung des gezeichneten Bahnverlaufs:
Bewegt man das Teilchen in Gedanken ein Stück entlang des gerade bestimmten Richtungspfeils und bestimmt dann erneut die Richtung der resultierenden Kraft, so stellt man eine Linksdrehung der resultierenden Kraft fest. 3
Dies liegt daran, dass sich die Entfernung $\overrightarrow{AD_1}$ deutlich erhöht, die Entfernung $\overrightarrow{AD_2}$ jedoch nahezu unverändert bleibt. Daher nimmt der relative Einfluss von $\vec{F}_1$ auf das Teilchen im Vergleich zu $\vec{F}_2$ ab und die Teilchenbahn verläuft linksgekrümmt. 4

c) 8 Minuten,

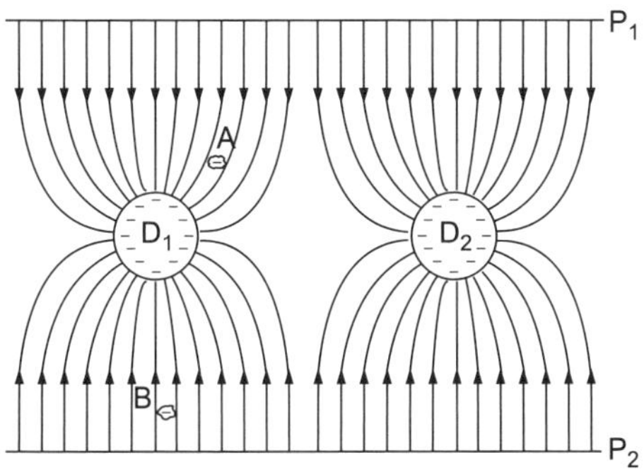


5

Hinweise zur Zeichnung:

- Die Feldlinien treten senkrecht aus den Metallplatten $P_1$ und $P_2$ aus und senkrecht in die Drahtoberflächen ein.
- Die Feldlinien dürfen sich nicht schneiden.

Setzt man für beide Teilchen eine ähnliche Masse voraus, wird Teilchen A stärker beschleunigt, da bei A die Feldliniendichte höher ist als bei B. Damit ist auch die elektrische Feldstärke höher, zu der die beschleunigende Kraft proportional ist. 3

d) 8 Minuten,

Beschleunigung eines Staubteilchens:

$$a = \frac{F}{m} = \frac{q \cdot E}{m}$$

$$= \frac{-5 \cdot 1{,}6 \cdot 10^{-19}\,\text{C} \cdot 2 \cdot 10^{5}\,\frac{\text{kg} \cdot \text{m}}{\text{s}^2 \cdot \text{C}}}{10^{-15}\,\text{kg}} = -160\,\frac{\text{m}}{\text{s}^2}$$ 2

Maximale Beschleunigungsstrecke ist, wenn das Teilchen in der Mitte zwischen den beiden Platten startet:

$$s = \frac{a}{2} \cdot t^2 = 5\,\text{cm}$$ 2

Maximale Beschleunigungszeit:

$$t = \sqrt{\frac{2s}{a}}$$ 2

Maximale Geschwindigkeit nach 5 cm Beschleunigungsstrecke:

$$v = a \cdot t = a \cdot \sqrt{\frac{2s}{a}} = \sqrt{2a \cdot s}$$

$$= \sqrt{2 \cdot 160\,\frac{\text{m}}{\text{s}^2} \cdot 0{,}05\,\text{m}} = 4\,\frac{\text{m}}{\text{s}}$$ 3

Damit ist die durch das elektrische Feld erzeugte Quergeschwindigkeit deutlich geringer als die angegebene Strömungsgeschwindigkeit. 1

e) 3 Minuten,

Im Filtervolumen befinden sich elektrisch neutrale Luftmoleküle, die eine thermische Bewegung ausführen. 1

Stöße zwischen Staubteilchen und Luftmolekülen führen dazu, dass die Beschleunigung der Staubteilchen durch das elektrische Feld entlang der Beschleunigungsstrecke immer wieder abgebrochen wird. 1

Damit ist die tatsächliche Beschleunigungszeit also deutlich kürzer als in der Rechnung abgeschätzt. 1

# Klausur 2

BE

**1** Die quadratischen Platten eines Plattenkondensators (Kantenlänge 25 cm) werden im Abstand 20 cm zueinander vertikal aufgestellt und mit einer Spannungsquelle von 2,0 kV aufgeladen und anschließend von dieser getrennt. An einem langen Faden hängt zwischen den Platten ein metallisch überzogener Tischtennisball (m = 5,0 g), der die Ladung Q trägt. Der Tischtennisball wird um den Winkel $\alpha = 1{,}5°$ ausgelenkt.

a) Fertigen Sie eine Skizze des Versuchsaufbaus an. Zeichnen Sie alle auf den Ball wirkenden Kräfte sowie die resultierende Kraft ein. 9

b) Berechnen Sie die Ladung Q des Balls. 7

c) Ändert sich der Auslenkwinkel, wenn man den Plattenabstand verdoppelt? Begründen Sie Ihre Antwort. 6

d) Nun wird bei verdoppeltem Plattenabstand die Spannungsquelle wieder an den Kondensator angeschlossen. Wie ändert sich der Auslenkungswinkel jetzt? 3

**2** Eine Gewitterwolke in 500 m Höhe wird als positiv geladene Kondensatorplatte (10 $km^2$ Flächeninhalt) betrachtet, der flache Erdboden als geerdete, gegenüberliegende Platte. Zwischen Wolke und Erde herrscht eine Spannung von 8,0 MV.

a) Berechnen Sie die Feldstärke E des homogen angenommenen elektrischen Feldes. 3

b) Ein Nebeltröpfchen von 2,0 mm Durchmesser schwebt zwischen Erdboden und Wolke. Welche Ladung trägt das (kugelförmige) Tröpfchen, wenn seine Dichte $1{,}0\ \frac{g}{cm^3}$ ist? 5

Blitzforscher holen sich (wenn die Feldstärke in Bodennähe hoch genug ist) im wahrsten Sinne die „Blitze vom Himmel", indem sie Raketen in Richtung Gewitterwolke schießen, die über einen langen, dünnen Draht mit der geerdeten Messstation verbunden sind. Der Blitz schlägt dann in die Spitze der Rakete und fließt über den Draht zur Erde ab, der Draht verdampft dabei vollständig.

c) Übertragen Sie die folgende Abbildung und zeichnen Sie ein Äquipotenziallinienbild ein.

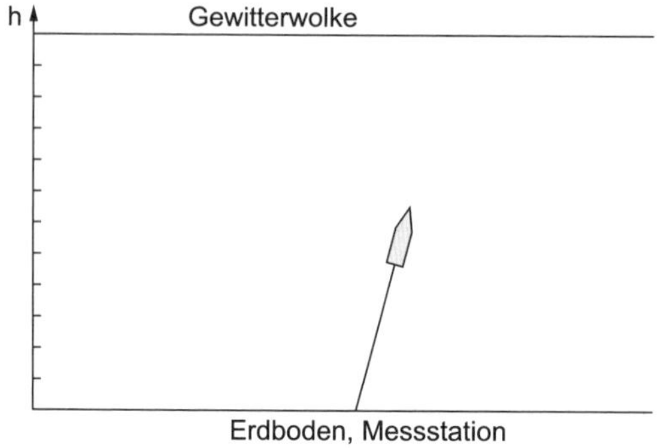


5

d) Begründen Sie die erhöhte Gefahr eines Blitzeinschlags bei einem freistehenden Baum und erläutern Sie die Wirkungsweise eines Blitzableiters. 3

**3** Geschwindigkeitsmessung eines Geschosses
Die folgende Schaltung soll zur Bestimmung der Fluggeschwindigkeit eines Luftgewehr-Projektils dienen. Dabei durchtrennt das Geschoss (praktisch verzögerungsfrei) zunächst je einen Streifen Alufolie bei A und anschließend bei B, dann bleibt sie im Kugelfangkasten stecken.

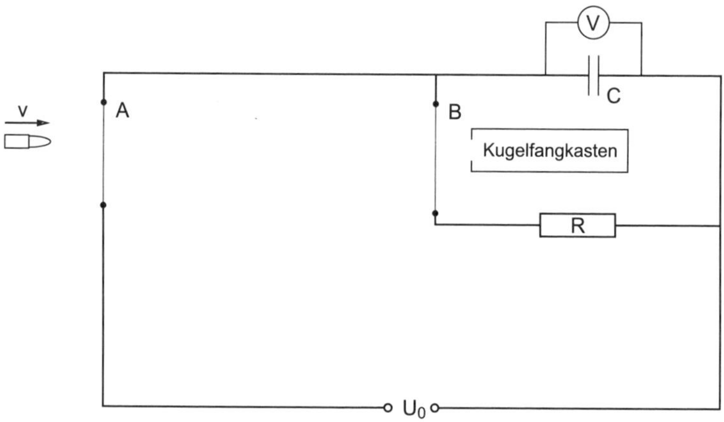

a) Beschreiben Sie qualitativ die Funktionsweise dieser Messvorrichtung. 5

b) Benötigt das Projektil für die Strecke $\overline{AB} = 4{,}0$ cm die Zeit t, dann gilt für die am Kondensator gemessene Spannung die Gleichung

$U(t) = U_0 \cdot e^{-\frac{t}{R \cdot C}}$ (Nachweis nicht erforderlich).

Berechnen Sie die zu erwartende Spannung U(t), wenn die Kugel mit $v_1 = 400\,\frac{m}{s}$ fliegt, die Versorgungsspannung $U_0 = 250$ V, der Widerstand $R = 8{,}00$ kΩ und die Kapazität $C = 3{,}00 \cdot 10^{-7}$ F betragen. 7

c) Geben Sie eine Formel an, mit der man durch Einsetzen der gegebenen Größen sowie der gemessenen Spannung U(t) die Geschwindigkeit v ausrechnen kann.

[Zwischenergebnis: $v = \frac{\overline{AB}}{-R \cdot C \cdot \ln\left(\frac{U(t)}{U_0}\right)}$ ] 9

d) Bei einer weiteren Messung bleibt eine Restspannung von $U(t) = 245$ V.
Berechnen Sie die Fluggeschwindigkeit $v_2$ dieser Kugel. 4

e) Die Vorrichtung soll durch Austauschen des Widerstands umgebaut werden zur Messung deutlich höherer Geschwindigkeiten. Erläutern Sie, ob sie dafür einen kleineren oder einen größeren Widerstand als die $R = 8{,}00$ kΩ einbauen müssen. 4

## Hinweise und Tipps

**1** a) Am Ball herrscht Kräftegleichgewicht.

b) Beachten Sie das rechtwinklige Dreieck mit Gewichtskraft, elektrischer Ablenkkraft und Winkel $\alpha$.

c)
- Bedenken Sie, dass die Spannungsquelle nicht mehr angeschlossen ist.
- Bei gleichbleibender Ladung und Verdoppelung des Plattenabstandes ändert sich die Kapazität des Plattenkondensators.

d) Verwenden Sie die Kleinwinkelnäherung.

**2** a) Verwenden Sie die Formel für den Plattenkondensator.

b)
- Beim Schweben heben sich alle vertikal angreifenden Kräfte gegenseitig auf.
- Beachten Sie die angenommene Kugelform des Tropfens bei der Volumenberechnung.

c)
- Äquipotenziallinien enthalten Punkte gleicher Spannung gegen die Erde.
- Äquipotenziallinien stehen stets senkrecht auf den Feldlinien.

d)
- Berücksichtigen Sie die Auswirkung gekrümmter Oberflächen auf die elektrische Feldstärke dort.
- Spitzen weisen eine starke Krümmung auf.

**3** a) Die Entladung des Kondensators erfolgt nur, während das Projektil in der Messstrecke fliegt.

b)
- Berechnen Sie die Flugzeit in der Messstrecke.
- Setzen Sie die Zeit in die vorgegebene Formel ein.

c)
- Wie berechnet man die Geschwindigkeit einer gleichförmigen Bewegung?
- Lösen Sie die Formel für die Restspannung nach t auf.
- Setzen Sie die für t ein und für die Strecke die Messstrecke ein.

d) Setzen Sie die Werte in die Formel für die Geschwindigkeit ein.

e)
- Argumentieren Sie mit der in Teilaufgabe 3 b angegebenen Formel.
- Bei schnelleren Geschossen wird die Flugzeit kürzer. Wie sollte man also den Nenner in der Formel ändern?

# Lösung

**1** a) 10 Minuten,

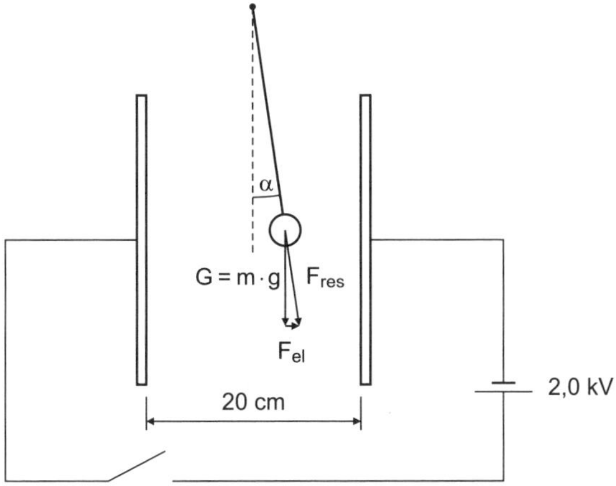


9

Hinweise zur Zeichnung:

- Zeichnen Sie alle angegebenen Geräte durch die richtigen physikalischen Symbole in geeigneter Größe.
- Die resultierende Kraft ergibt sich durch Kräfteaddition der Gewichtskraft und der elektrischen Kraft im Plattenkondensator.
- Für die Kräfteaddition zeichnet man hier ein rechtwinkliges Dreieck.
- Die resultierende Kraft zeigt in Fadenrichtung.

b) 7 Minuten,

Wenn die Kugel um den Winkel α ausgelenkt ist, herrscht ein Kräftegleichgewicht an der Kugel zwischen der Gewichtskraft G und der elektrischen Kraft $F_{el}$.

Dabei gilt

$G = m \cdot g$

mit der Masse m des Tischtennisballs und der Erdbeschleunigung g.

Weiter gilt für $F_{el}$:

$$F_{el} = Q \cdot E = Q \cdot \frac{U}{d}$$

Q ist die gesuchte Ladung des Tischtennisballs, U die Spannung am Plattenkondensator und d der Abstand der Platten.

$$\tan\alpha = \frac{F_{el}}{G}$$

$$m \cdot g \cdot \tan\alpha = \frac{U}{d} \cdot Q$$ 4

$$Q = \frac{d \cdot m \cdot g \cdot \tan\alpha}{U}$$

$$Q = \frac{0{,}20\,\text{m} \cdot 0{,}0050\,\text{kg} \cdot 9{,}81\,\frac{\text{N}}{\text{kg}} \cdot \tan 1{,}5°}{2{,}0 \cdot 10^3\,\text{V}}$$

$$\approx 1{,}3 \cdot 10^{-7}\,\text{As}$$ 3

c) 5 Minuten,

Die Spannungsquelle ist nicht mehr mit den Platten verbunden, also kann sich deren Ladung nicht ändern.
Durch Verdoppelung des Plattenabstands d ändert sich die Kapazität, denn es gilt für die Kapazität C:

$$C = \varepsilon_0 \cdot \frac{a^2}{d}$$

Dabei ist d der Plattenabstand und a die Kantenlänge der Platte.
Verdoppelt sich d, wird die neue Kapazität C' um die Hälfte kleiner:

$$C' = \frac{1}{2}C$$

Entsprechend verdoppelt sich die Spannung U zwischen den Platten, denn es gilt:

$$U' = \frac{q_{Platte}}{C'} = \frac{q_{Platte}}{0{,}5 \cdot C} = 2U$$

Dabei ist U' die neue Spannung und U die Spannung, bevor der Plattenabstand verdoppelt wurde; $q_{Platte}$ ist die Ladung der Platte.

Die elektrische Feldstärke E' bleibt gleich, weil gilt:

$$E' = \frac{U'}{d'} = \frac{2U}{2d} = E$$ 4

Somit bleiben die elektrische Kraft und auch der Auslenkwinkel gleich groß. 2

d) 4 Minuten,

Wenn die Verbindung mit der Spannungsquelle besteht, kann Ladung zu- oder abfließen. Da sich die Kapazität halbiert (siehe Teilaufgabe e), halbiert sich auch die Plattenladung. Also halbiert sich die Feldstärke ebenso und damit die Ablenkkraft $F_{el}$. Der Winkel wird folglich kleiner. Es gilt:

$$\tan\alpha' = \frac{1}{2}\tan\alpha = \frac{1}{2}\tan 1{,}5°$$

$$\alpha' \approx 0{,}75° \quad \text{(Kleinwinkelnäherung } \sin\alpha \approx \tan\alpha \approx \alpha \text{ gilt)}$$ 3

**2** a) 2 Minuten,

Da die Anordnung als Plattenkondensator interpretiert wird, gilt:

$$E = \frac{U}{d} = \frac{8\cdot 10^6\ \text{V}}{500\ \text{m}} = 16\,\frac{\text{kV}}{\text{m}}$$ 3

b) 6 Minuten,

Wenn der Tropfen schwebt, sind seine Gewichtskraft und die elektrostatische Kraft gleich groß:

$$G = F_{el}$$ 1

Die Gewichtskraft lässt sich mithilfe der Dichte aus dem Tröpfchenvolumen berechnen:

$$G = m\cdot g = \rho\cdot V\cdot g = \rho\cdot\frac{4}{3}r^3\cdot\pi\cdot g,$$ 1

dabei ist $\sigma$ die Dichte, r der Radius und g die Erdbeschleunigung.

Für die elektrische Feldkraft gilt:

$$F_{el} = E\cdot Q$$ 1

Durch Gleichsetzen und Umstellen erhält man für die Ladung:

$$Q = \frac{F_{el}}{E} = \frac{\rho\cdot\frac{4}{3}r^3\cdot\pi\cdot g}{E}$$

$$= \frac{1{,}0\cdot 10^3\,\frac{\text{kg}}{\text{m}^3}\cdot\frac{4}{3}\cdot(1{,}0\cdot 10^{-3}\ \text{m})^3\cdot\pi\cdot 9{,}81\,\frac{\text{m}}{\text{s}^2}}{16\cdot 10^3\,\frac{\text{V}}{\text{m}}} \approx 2{,}6\cdot 10^{-9}\ \text{C}$$ 2

Einheitenkontrolle:

$$1\,\frac{\frac{\text{kg}}{\text{m}^3}\cdot\text{m}^3\cdot\frac{\text{m}}{\text{s}^2}}{\frac{\text{V}}{\text{m}}} = 1\,\frac{\text{kg}\cdot\frac{\text{m}}{\text{s}^2}}{\frac{\text{V}}{\text{m}}} = 1\,\frac{\text{N}}{\frac{\text{V}}{\text{m}}} = 1\,\frac{\text{Nm}}{\text{V}} = 1\,\frac{\text{J}}{\text{V}} = 1\,\frac{\text{VAs}}{\text{V}} = 1\ \text{As} = 1\ \text{C}$$

c) 6 Minuten,

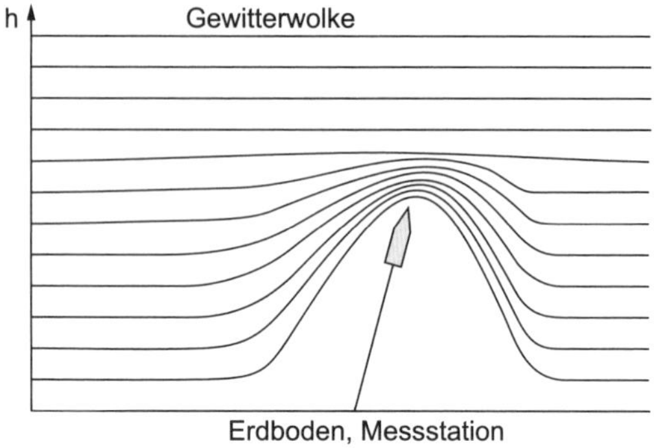

5

Hinweise zur Zeichnung:

- In großer Entfernung zur Rakete verlaufen die Äquipotenziallinien parallel zur Erdoberfläche (Plattenkondensator).
- Um die Rakete verlaufen die Äquipotenziallinien gekrümmt.
- Die Krümmung und die Dichte der Linien sind an der Spitze am größten.

d) 4 Minuten,

Wie an der Raketenspitze ist an jeder geerdeten Spitze (also auch am oberen Baum- oder am Blitzableiterende) die elektrische Feldstärke vor allem aufgrund der starken Krümmung der Oberfläche sehr hoch, sodass der Blitz bevorzugt dort ausgelöst wird, also einschlägt. 1
Der Blitzableiter dient dazu, die Ladungen kontrolliert abfließen zu lassen und damit Schäden am Gebäude zu vermeiden. 2

**3** a) 5 Minuten,

Solange Streifen A noch nicht durchtrennt ist, bleibt der Kondensator an der Spannungsquelle und es liegt die volle Spannung $U_0$ an. Sobald 1
diese leitende Verbindung unterbrochen ist, beginnt sich der Kondensator über den Widerstand R zu entladen und wird nicht mehr nachge- 2
laden. Wird auch B unterbrochen, endet die Entladungsphase und aus dem Ladezustand des Kondensators lässt sich die Flugzeit von A nach 1
B ermitteln, daraus schließlich die Geschwindigkeit des Geschosses. 1

b) 6 Minuten,

Aus $\overline{AB} = 4{,}0\ \text{cm}$ und $v_1 = 400\ \frac{m}{s}$ ergibt sich für die Flugzeit:

$$t = \frac{\overline{AB}}{v_1}$$

$$= \frac{0{,}0400\ \text{m}}{400\ \frac{m}{s}} = 0{,}000100\ \text{s} = 0{,}100\ \text{ms}$$ 3

Damit ergibt sich für die Restspannung:

$$U(t) = U_0 \cdot e^{-\frac{0{,}100 \cdot 10^{-3}\,\text{s}}{R \cdot C}}$$

$$= 250\ \text{V} \cdot e^{-\frac{0{,}100 \cdot 10^{-3}\,\text{s}}{8{,}00 \cdot 10^{3}\,\Omega \cdot 3{,}00 \cdot 10^{-7}\,\text{F}}} \approx 240\ \text{V}$$ 4

c) 8 Minuten,

Auflösen der gegebenen Formel für die Spannung nach t ergibt:

$$U(t) = U_0 \cdot e^{-\frac{t}{R \cdot C}}$$

$$t = -R \cdot C \cdot \ln\left(\frac{U(t)}{U_0}\right)$$ 4

Für die Geschwindigkeit v des Projektils gilt:

$$v = \frac{s}{t}$$

Einsetzen der Formel für t sowie der Messstrecke $\overline{AB}$:

$$v = \frac{\overline{AB}}{-R \cdot C \cdot \ln\left(\frac{U(t)}{U_0}\right)}$$ 5

d) 3 Minuten,

$$v = \frac{0{,}04\ \text{m}}{-8{,}00 \cdot 10^3\ \Omega \cdot 3{,}00 \cdot 10^{-7}\ \text{F} \cdot \ln\left(\frac{245\ \text{V}}{250\ \text{V}}\right)} \approx 825\ \frac{m}{s}$$ 4

e) 4 Minuten,

In der Formel $U(t) = U_0 \cdot e^{-\frac{t}{R \cdot C}}$ werden bei höheren Geschwindigkeiten kürzere Zeiten im Exponentenzähler eine Rolle spielen, für vergleichbare Messgenauigkeiten sollte also der Exponentennenner auch kleiner werden, ein kleinerer Widerstand wäre also sinnvoll. 4

Alternative Erklärung:
Über einen kleineren Widerstand fließt die Ladung schneller.

# Klausur 3

BE

**1** Fadenstrahlröhre

a) Beschreiben Sie Aufbau und Funktionsweise einer Fadenstrahlröhre. Geben Sie eine geeignete Vorrichtung zur Erzeugung eines weitgehend homogenen Magnetfeldes im Experimentierbereich an. 10

b) Mithilfe einer Fadenstrahlröhre kann die spezifische Ladung des Elektrons bestimmt werden. Leiten Sie die hierbei gültige Formel

$$\frac{e}{m} = \frac{2 \cdot U_B}{r^2 \cdot B^2}$$

mit $U_B$ = Beschleunigungsspannung her. 6

c) Geben Sie ein Verfahren an, mit dem sich der Bahnradius r möglichst genau bestimmen lässt. 2

d) Durch einen versehentlichen Stoß wird die Fadenstrahlröhre so verdreht, dass die Einflugrichtung der beschleunigten Elektronen mit den magnetischen Feldlinien einen Winkel von 80° einschließt. Beschreiben Sie die sich ergebende Elektronenbahn qualitativ sowie quantitativ im Vergleich zu der anfangs beobachteten Kreisbahn mit Radius r. 7

e) Die spezifische Ladung $\frac{e}{m}$ ist eine typische Größe für geladene Teilchen. Ändert sich ihr Wert bei relativistischen Geschwindigkeiten? 3

**2** Beim Massenspektrografen nach Thomson verlaufen elektrische und magnetische Feldlinien parallel zueinander (siehe Abbildung) und werden von zunächst dazu senkrecht einfliegenden Ionen durchquert. Auf einem Schirm werden diese Teilchen anschließend registriert, die Auftreffstellen liegen auf Parabelästen.

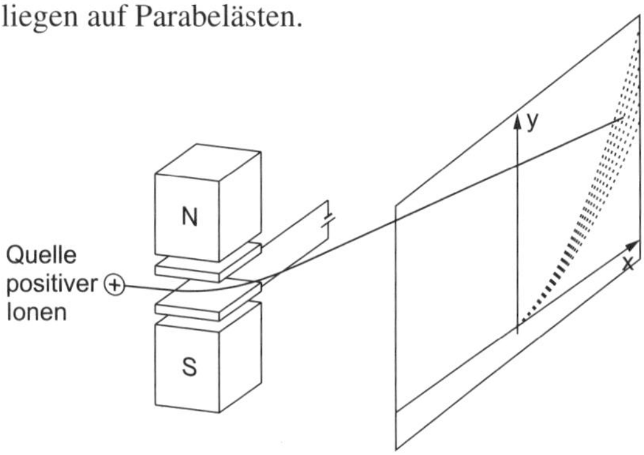

a) Der Feldbereich habe in Einflugrichtung die Länge L. Bestätigen Sie für diesen Bereich die Ablenkung

$y = \frac{Q \cdot E \cdot L^2}{2m \cdot v^2}$ in vertikaler Richtung sowie $x = \frac{Q \cdot B \cdot L^2}{2m \cdot v}$ in waagrechter Richtung.

Die vom Magnetfeld verursachte Beschleunigung darf für den Feldbereich näherungsweise als konstant angenommen werden. 10

b) Begründen Sie mit den in Teilaufgabe 2a hergeleiteten Formeln die Parabelform der Bahnkurve, indem Sie die Geschwindigkeit eliminieren. Gehen Sie dabei auch auf die Bedeutung des Schirmabstands ein.
[Zwischenergebnis: $y = \frac{2 \cdot E \cdot m}{Q \cdot B^2 \cdot L^2} x^2$] 7

c) Nennen Sie Gemeinsamkeiten sowie Unterschiede zwischen zwei geladenen Teilchen, die auf dem gleichen Parabelast landen. 6

d) $CH_3^+$- und $CH_4^+$-Ionen treffen auf verschiedene Parabeln. Welche treffen die steilere Parabel? Begründen Sie Ihre Antwort. 3

e) Diskutieren Sie, ob auch der zweite Ast dieser Parabeln von geeigneten Ionen getroffen werden kann. 3

**3** Elektrisches Feld

Die Abbildung zeigt einige Feldlinien einer Anordnung gleich großer, negativer Ladungen an den Ecken eines Quadrates.

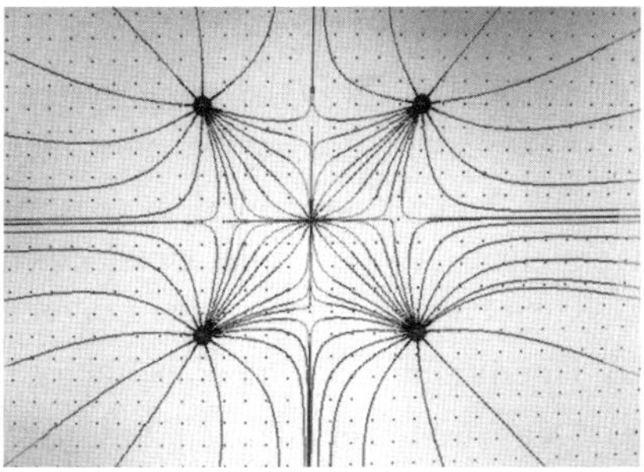

a) Skizzieren Sie das zugehörige Äquipotenziallinienbild. 4

b) Skizzieren Sie das veränderte Feldlinienbild, wenn die Ladungen links oben und rechts unten durch positive ausgetauscht würden. 4

c) Beschreiben Sie in Worten, wie sich das Feldlinienbild qualitativ ändern würde bei gleicher Anordnung wie oben, aber jeweils größerer Ladung in den Punkten. 3

d) Erklären Sie, wie sich Feldlinien und Äquipotenziallinien in Analogie zur Gravitation auf der Erde und zu Landkarten deuten lassen. 2

## Hinweise und Tipps

**1** a) • Wie kann die Bahn der Elektronen in der Fadenstrahlröhre sichtbar gemacht werden?
- Überlegen Sie, mit welcher Anordnung ein Magnetfeld erzeugt wird. Wo ist dieses Feld besonders homogen?

b) • Verwenden Sie zur Herleitung die Tatsache, dass es sich bei der Lorentzkraft um eine Zentripetalkraft handelt.
- Die Bewegungsenergie der Elektronen kennen Sie, da die Beschleunigungsspannung gegeben ist.

c) Um perspektivische Verzerrungen oder seitliche Verschiebungen bei der Messung zu vermeiden, kann man einen Spiegel verwenden.

d) • Zerlegen Sie die Geschwindigkeit in einen Anteil parallel zum Magnetfeld und in einen Anteil senkrecht dazu.
- Betrachten Sie die Anteile unabhängig. Welche Bahnkurve erhalten Sie aus dem einen, welche aus dem andern Anteil qualitativ?
- Berechnen Sie die neuen Bahnkurven.

e) Überprüfen Sie die relativistische Abhängigkeit der vorkommenden Größen einzeln.

**2** a) Betrachten Sie einzeln die Wirkung des elektrischen Feldes und die des magnetischen Feldes.

b) • Lösen Sie das Gleichungssystem.
- Außerhalb des Feldbereichs fliegen die Teilchen geradlinig weiter.

c) Der Parabelfaktor vor dem $x^2$ ist für alle Teilchen auf einer Parabel der gleiche. Also muss der Unterschied zwischen Teilchen, die auf der gleichen Parabel liegen, in der (zuvor eliminierten) Geschwindigkeit v liegen.

d) Überprüfen Sie den Parabelfaktor für die beiden Ionen.

e) Denken Sie vor allem an die Auswirkung des elektrischen Feldes.

**3** a) Äquipotenziallinien und Feldlinien stehen immer senkrecht aufeinander.

b) Die Feldlinien verlaufen von der positiven Ladung zur negativen.

c) Betrachten Sie zunächst qualitative Wirkung (Feldlinienrichtungen) und anschließend quantitative Folgen (Feldstärke).

d) • Denken Sie hier an Flussverläufe und eine gemütliche Wanderung entlang einer Höhenlinie.
- Übertragen Sie dann Ihre Überlegung auf die entsprechende Verschiebung einer elektrischen Probeladung in einem elektrischen Feld.

## Lösung

**1** a) 8 Minuten,

Fadenstrahlröhre: Glaskolben mit Neon bei geringem Druck enthält einen Glühfaden, der nach Anlegen einer Heizspannung, Elektronen aussendet. Diese werden von der Spannung $U_B$ beschleunigt, treten an der Anode durch ein Loch und fliegen (nach präziser Ausrichtung des Kolbens) senkrecht zu einem homogenen Magnetfeld. Gemäß Rechte-Hand-Regel erfahren sie die Lorentzkraft senkrecht zu Flugrichtung und Magnetfeld und werden auf eine Kreisbahn gelenkt. Die Bahn der Elektronen wird durch Photonen sichtbar gemacht, indem die Elektronen mit den Neonmolekülen zusammenstoßen und dabei die Neonatome anregen. Die Neonatome senden bei der Rückkehr in den Grundzustand die sichtbaren Photonen aus. 6

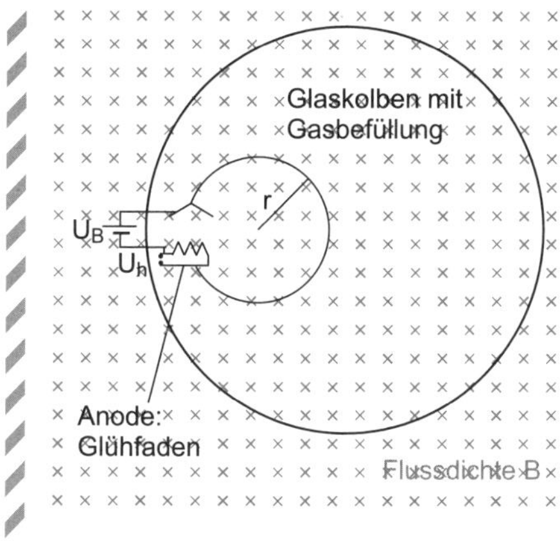


Die Erzeugung des homogenen Magnetfelds erfolgt durch ein Helmholtzspulenpaar. Das ist eine allseits zugängliche Anordnung, bei der zwei Spulen im Abstand vom Spulenradius aufgestellt sind. Die Überlagerung beider Spulenfelder führt auf ein weitgehend homogenes Magnetfeld in der Umgebung der Spulenachse. 4

b) 6 Minuten,
Die Lorentzkraft ist hier die Zentripetalkraft, damit gilt:

$$F_L = F_Z$$

$$e \cdot v \cdot B = \frac{m \cdot v^2}{r}$$

$$v = \frac{e \cdot B \cdot r}{m} \quad (1)$$

Dabei ist r der Radius der Kreisbahn der Elektronen, v die Geschwindigkeit, m die Masse und e die Ladung e eines Elektrons. 2

Die Bewegungsenergie der im elektrischen Feld beschleunigten Elektronen beträgt:

$$\frac{1}{2} m \cdot v^2 = e \cdot U_B$$ 2

Ersetzt man darin die Geschwindigkeit durch den Term (1) und formt um, erhält man den gesuchten Ausdruck für die spezifische Ladung des Elektrons:

$$\frac{1}{2} m \cdot \left( \frac{e \cdot B \cdot r}{m} \right)^2 = e \cdot U_B$$

$$\frac{e \cdot B^2 \cdot r^2}{2m} = U_B$$

$$\frac{e}{m} = \frac{2U_B}{B^2 \cdot r^2}$$ 2

c) 4 Minuten,
Eine genaue Messung des Bahnradius r in dem Glaskolben lässt sich beispielsweise mit einem Spiegel erreichen, auf dem ein Lineal vertikal befestigt wird. Bringt man nun – von vorne durch den Kolben auf den dahinter, parallel zur Bahnebene liegenden Spiegel blickend – die Nullmarke des Lineals mit dem höchsten Punkt der Elektronenbahn und deren Spiegelbild zur Deckung, dann kann man beim tiefsten Punkt der Bahn und dessen Spiegelpunkt auf dem Lineal den Radius ablesen. 2

d) 9 Minuten,

Es ergibt eine Schraubenlinie als Bahnkurve. Sie lässt sich beschreiben durch ihren Radius ρ und ihre Ganghöhe h.

ρ kennzeichnet die Kreisbahn, die analog zu den in Teilaufgabe b beschriebenen Vorgängen entsteht und durch die Geschwindigkeitskomponenten senkrecht zur Magnetfeldrichtung bestimmt ist:

$v_{\perp} = v \cdot \sin 80°$ 3

Aus der Formel (1) folgt dann sofort:

$$v_{\perp} = \frac{e \cdot B \cdot \rho}{m}$$

$$\rho = \frac{m \cdot v_{\perp}}{e \cdot B} = \frac{m \cdot v \cdot \sin 80°}{e \cdot B} \qquad (2)$$

$$= r \cdot \sin 80° \approx 0{,}98r$$ 2

Die Kreisbahn ist jetzt geringfügig kleiner als vorher. Während der Zeit t, die das Elektron für einen Umlauf (Umfang $2\pi \cdot \rho$) benötigt, fliegt es gleichzeitig mit der konstanten Geschwindigkeitskomponente $v_{||} = v \cdot \cos 80°$ parallel zur Magnetfeldrichtung.

Mit

$$t = \frac{2\pi \cdot \rho}{v_{\perp}} = \frac{2\pi \cdot \rho}{v \cdot \sin 80°} \overset{(2)}{=} \frac{2\pi}{v \cdot \sin 80°} \cdot \frac{m \cdot v \cdot \sin 80°}{e \cdot B} = \frac{2\pi \cdot m}{e \cdot B}$$

folgt die Ganghöhe h:

$$h = v_{||} \cdot t = v \cdot \cos 80° \cdot \frac{2\pi \cdot m}{e \cdot B} = \cos 80° \cdot 2\pi \cdot \frac{m \cdot v}{e \cdot B}$$

$$= \cos 80° \cdot 2\pi \cdot r \approx 1{,}09r$$ 2

e) 3 Minuten,

Die elektrische Ladung e ist geschwindigkeitsunabhängig, die Masse m wächst mit zunehmender Geschwindigkeit, also wird der Wert von $\frac{e}{m}$ bei hohen Geschwindigkeiten kleiner. 3

**2** a) 10 Minuten,
Die Vertikalablenkung der Ionen (Ladung Q, Geschwindigkeit v, Masse m) wird vom elektrischen Feld verursacht. Es wirkt während der Aufenthaltszeit

$$t = \frac{L}{v}$$

im Feld mit der in Betrag und Richtung konstanten Kraft

$$\vec{F}_{el} = F_{el} \cdot \vec{y}_0 \quad \text{mit} \quad F_{el} = E \cdot Q$$

und der konstanten Beschleunigung

$$a_{el} = \frac{E \cdot Q}{m}.$$ 2

Aus dem Weg-Zeit-Gesetz der Bewegung mit konstanter Beschleunigung folgt damit:

$$y = \frac{1}{2} a_{el} \cdot t^2 = \frac{1}{2} \cdot \frac{E \cdot Q}{m} \cdot \left(\frac{L}{v}\right)^2 = \frac{E \cdot Q \cdot L^2}{2m \cdot v^2}$$ 3

In der Ebene senkrecht zum elektrischen Feld wirkt die Lorentzkraft vom Betrag $F_{mag} = Q \cdot v \cdot B$ und zwingt das Teilchen auf eine im Feldbereich kreisförmige Bahn. Da laut Angabentext die durch die Lorentzkraft verursachte Beschleunigung als konstant angenommen werden darf, gilt für die konstante Beschleunigung

$$a_{mag} = \frac{Q \cdot v \cdot B}{m}.$$

Analog zur Vertikalablenkung gilt für die horizontale Ablenkung: 2

$$x \approx \frac{1}{2} a_{mag} \cdot t^2 = \frac{1}{2} \cdot \left(\frac{Q \cdot v \cdot B}{m}\right) \cdot \left(\frac{L}{v}\right)^2 = \frac{Q \cdot B \cdot L^2}{2m \cdot v}$$ 3

Warum gilt diese Berechnung der Horizontalablenkung nur näherungsweise? Da $F_{mag}$ radial wirkt, also stets senkrecht zur Ionenbahn, besitzt sie keine konstante x-Komponente, diese wird vielmehr während des Flugs durch das Feld kleiner. Da der Radius gemäß (vgl. (1), Teilaufgabe 1 b)

$$r = \frac{m \cdot v}{Q \cdot B}$$

proportional zu der Ionengeschwindigkeit ist, darf man aber annehmen, dass er deutlich größer als die Flugstrecke L im Feld ist, $r \gg L$, und die Beschleunigung in x-Richtung näherungsweise als konstant ansehen.

b) 7 Minuten,
Eliminieren der Geschwindigkeit v in den beiden Gleichungen führt auf:

$$x = \frac{Q \cdot B \cdot L^2}{2m \cdot v} \quad \Rightarrow \quad v = \frac{Q \cdot B \cdot L^2}{2m \cdot x}$$ 2

$$y = \frac{Q \cdot E \cdot L^2}{2m \cdot v^2} = \frac{Q \cdot E \cdot L^2}{2m} \cdot \left( \frac{2m \cdot x}{Q \cdot B \cdot L^2} \right)^2$$

$$= \frac{2E \cdot m}{Q \cdot B^2 \cdot L^2} \cdot x^2 \qquad (3)$$

$$= k \cdot x^2, \quad \text{mit } k = \frac{2E \cdot m}{Q \cdot B^2 \cdot L^2} = \text{konst.}$$ 3

Der Graph dieser Funktionsgleichung ist eine Parabel. Ihre Form liegt bereits beim Verlassen des Feldbereichs fest, durch Veränderung des Schirmabstands wird nur die Parabelgröße beeinflusst. Da keine weiteren Kräfte wirken, fliegen die Ionen geradlinig weiter und bilden am Schirm eine geometrisch ähnliche Figur ab, wie beim Verlassen des Feldbereichs. 2

c) 4 Minuten,
Betrachtet man in der Parabelgleichung (3) die ionenbezogenen Größen m und Q, dann stellt man fest, dass

$$y = \frac{m}{Q} \cdot \frac{2E}{B^2 \cdot L^2} \cdot x^2 \qquad (4)$$

$$= \frac{m}{Q} \cdot k' \cdot x^2 \quad \text{mit } k' = \frac{2E}{B^2 \cdot L^2} = \text{konst.}$$ 4

für alle Ionen mit gleicher spezifischer Ladung $\frac{Q}{m}$ die gleiche Parabel liefert. Weil in den Ablenkformeln (Teilaufgabe 2a) v jeweils im Nenner steht, werden dabei die langsameren Teilchen stärker abgelenkt als die schnellen, sie sind daher weiter außen und weiter oben auf der gleichen Parabel zu finden. 2

d) 3 Minuten,
$CH_4^+$-Ionen sind schwerer als $CH_3^+$-Ionen bei gleicher Ladung, also ist in Gleichung (4) der Koeffizient von $x^2$ größer und damit die zugehörige Parabel steiler. 3

e) 3 Minuten,
Der andere Parabelast würde eine Ablenkung in negative x-Richtung voraussetzen. Die Teilchen müssten dann negativ geladen sein, was aber wegen des unveränderten elektrischen Feldes gleichzeitig zu einer Ablenkung nach unten führen würde. Der andere Ast kann also nicht getroffen werden. 3

**3** a) 4 Minuten,
Die Äquipotenziallinien stehen senkrecht auf den Feldlinien; die Symmetrie bleibt erhalten (siehe Abbildung).

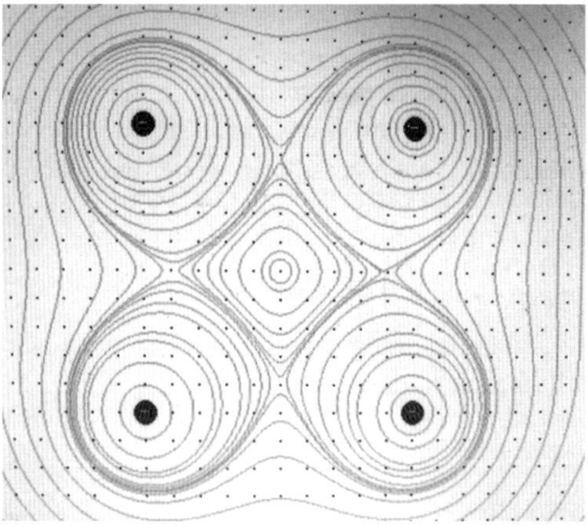

4

b) 4 Minuten,
Verändertes Feldlinienbild:

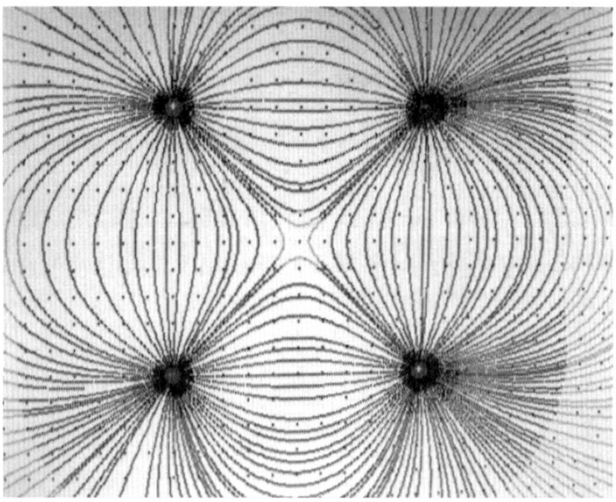

4

c) 3 Minuten,
Wenn alle Ladungen gleichermaßen verändert werden, die gegenseitigen Ladungsverhältnisse also gleich bleiben, ändert sich die Form der Anordnung nicht. Bei gleicher Skalierung der Feldlinien bezüglich des Betrags der Feldstärke würde lediglich die Dichte der Linien zunehmen. 3

d) 2 Minuten,
Die Höhenlinien in einer Landkarte entsprechen den Äquipotenziallinien, entlang denen man flach wandern kann, ohne irgendeinen Höhenunterschied zu überwinden. Bewegt man sich entlang einer Äquipotenziallinie, dann gelingt dies, ohne gegen irgendeine Spannung Arbeit verrichten zu müssen.
Senkrecht dazu stehen die Feldlinien und zeigen in Richtung der Kraft auf eine positive Probeladung an dieser Stelle. Entsprechende Linien bei der Gravitation würden sich ergeben, wenn man die Linien steilsten Abfalls bzw. Anstiegs einzeichnen würde, also etwa den Weg, den sich Wasser beim Herunterlaufen selbst suchen würde (vergleiche Flussverläufe). 2

# Klausur 4

BE

**1** Äquivalenz von Masse und Energie

a) Die Sonne setzt pro Sekunde eine Energie von etwa $3{,}8 \cdot 10^{26}$ J frei. Welche Masse verliert die Sonne pro Sekunde und pro Jahr? [Zwischenergebnis: $1{,}3 \cdot 10^{17}$ kg pro Jahr] 7

b) Nach welcher Zeit hat die Sonne 1,0 % ihrer ursprünglichen Masse ($m_{\odot} = 2{,}0 \cdot 10^{30}$ kg) in Energie umgewandelt? 5

**2** Schnelle Teilchen

a) In einer Elektronenstrahlröhre werden Elektronen auf große Geschwindigkeiten beschleunigt. Berechnen Sie zunächst die nach nicht relativistischer Rechnung theoretisch notwendige Beschleunigungsspannung $U_B$, um die Elektronen auf 90 % der Lichtgeschwindigkeit zu bringen.
[Zwischenergebnis: $U_B = 208$ kV] 6

b) Berechnen Sie die bei Verwendung dieser Beschleunigungsspannung tatsächlich erreichte Geschwindigkeit v jetzt relativistisch als Anteil von c und diskutieren Sie das Ergebnis. 9

c) Bestimmen Sie die prozentuale Abweichung der klassisch berechneten Werte für die kinetische Energie von den relativistisch berechneten für beliebige Körper der Ruhemasse $m_0$ jeweils bei den Geschwindigkeiten 0,01c, 0,1c und 0,9c. 7

**3** Myonenexperiment
In der Hochatmosphäre der Erde in etwa 13 km Höhe entstehen Elementarteilchen mit einer Lebensdauer von etwa 2,2 μs, die sogenannten Myonen. Sie fliegen mit einer Geschwindigkeit von 0,999c.

a) Welchen Weg kann das Myon klassisch betrachtet zurücklegen, bis es zerfällt? 2

b) Erklären Sie sowohl aus der Sicht eines irdischen Beobachters als auch aus der „Sicht" eines Myons, warum die Myonen dennoch auf der Erdoberfläche nachgewiesen werden können. 10

**4** Synchrotron

In einem Synchrotron bewegen sich Protonen auf einer kreisförmigen Bahn mit dem Radius 100 m in einer evakuierten Röhre. Das Magnetfeld von Elektromagneten hält die Protonen auf der Bahn. Vereinfachend soll hier angenommen werden, dass das Magnetfeld im relevanten Bereich homogen ist. Die Eintrittsgeschwindigkeit der Protonen ist vernachlässigbar klein. Bei jeder Umrundung werden elektrische Felder zur Beschleunigung durchlaufen, bis die Protonen nahezu Lichtgeschwindigkeit haben.

a) Wie kann man grundsätzlich erreichen, dass die Protonen trotz zunehmender Geschwindigkeit auf derselben Kreisbahn bleiben? 5

b) Berechnen Sie die Geschwindigkeit $v_1$ eines Protons, wenn es erstmalig die Beschleunigungsspannung von $1{,}0 \cdot 10^5$ V durchlaufen hat. 8

Nach einigen Umläufen haben die Protonen die Geschwindigkeit von $v_2 = 2{,}62 \cdot 10^8 \, \frac{m}{s}$ erreicht.

c) Berechnen Sie relativistisch die Gesamtenergie E der Protonen in GeV. Um wieviel Prozent hat sich dabei ihre Masse vergrößert? [Zwischenergebnis: 1,9 GeV] 8

d) Bestimmen Sie die Flussdichte, die das Magnetfeld haben muss, damit die Protonen aus Teilaufgabe c auf der Bahn gehalten werden. 3

## Hinweise und Tipps

**1** a) Verwenden Sie Einsteins Masse-Energie-Beziehung.

b) • Überlegen Sie sich, welcher Masse 1 % der Sonnenmasse entspricht.
• Die Zeit berechnen Sie, indem Sie die errechnete Masse und die Abstrahlrate von Teilaufgabe 1 a verwenden.

**2** a) • Rechnen Sie „klassisch".
• Setzen Sie die Energie, die die Elektronen beim Durchlaufen der Beschleunigungsspannung erhalten, und die kinetische Energie der Elektronen gleich.
• Lösen Sie nach der Beschleunigungsspannung auf.

b) • Verwenden Sie nun das Ergebnis aus Teilaufgabe 2a als gegebene Beschleunigungsspannung.
• Berechnen Sie relativistisch die Geschwindigkeit, die mit dieser Beschleunigungsspannung erreicht wird.
• Bei der relativistischen Rechnung wird die Gesamtenergie als die Ruheenergie der Elektronen plus die kinetische Energie der Elektronen betrachtet.
• Vergleichen Sie die berechnete Geschwindigkeit mit 0,9c. Was fällt auf? Was wurde bei der klassischen Rechnung nicht beachtet?

c) • Prozentuale Abweichung bedeutet immer Anteil der Abweichung vom Bezugswert, das ist hier die relativistisch berechnete Energie.
• Stellen Sie Ihre Ergebnisse in einer Tabelle dar.

**3** a) Rechnen Sie „klassisch" mit der Formel für die Geschwindigkeit einer gleichförmigen Bewegung.

b) • Aus irdischer Sicht müssen Sie die Zeitdilatation berücksichtigen.
• Aus Sicht des Myons müssen Sie die Längenkontraktion berücksichtigen.
• Vergleichen Sie Ihre Ergebnisse mit der Atmosphärendicke bzw. der Lebensdauer eines Myons.

**4** a) • Die Lorentzkraft wirkt als Zentripetalkraft und hält die Protonen auf der Kreisbahn.
- Wie kann die Größe der Lorentzkraft im Synchrotron verändert werden?

b) • Rechnen Sie „klassisch".
- Setzen Sie die Energie, die die Protonen beim Durchlaufen der Beschleunigungsspannung erhalten, und die kinetische Energie der Protonen gleich.
- Lösen Sie nach der Geschwindigkeit auf.

c) • Verwenden Sie die Formel für die Gesamtenergie, die die relativistische Massenzunahme berücksichtigt.
- Bestimmen Sie die Gesamtenergie der Protonen.
- Berechnen Sie daraus die Massenzunahme der Protonen.
- Berechnen Sie die prozentuale Zunahme.

## Lösung

**1** a) 8 Minuten,

Zusammenhang zwischen Energie E und der Masse m:

$E = m \cdot c^2$,

dabei ist $c = 3{,}0 \cdot 10^8 \frac{m}{s}$ die Lichtgeschwindigkeit. 3

Aufgelöst nach der Masse erhält man mit $E = 3{,}8 \cdot 10^{26}$ J:

$$m = \frac{3{,}8 \cdot 10^{26}\ J}{(3{,}0 \cdot 10^8 \frac{m}{s})^2} \approx 4{,}2 \cdot 10^9\ kg$$

Die Sonne verliert pro Sekunde 4,2 Mio. Tonnen Masse. 2

Pro Jahr verliert die Sonne also:

$$m = 4{,}2 \cdot 10^9 \frac{kg}{s} \cdot 365 \cdot 24 \cdot 3600\ s = 1{,}3 \cdot 10^{17}\ kg$$ 2

b) 6 Minuten,

1 % der Sonnenmasse sind:

$0{,}01 m_{Sonne} = 0{,}01 \cdot 2{,}0 \cdot 10^{30}\ kg$ 2

Für die Zeit t gilt:

$$t = \frac{\text{Masse}}{\text{Abstrahlrate}}$$

$$= \frac{0{,}01 \cdot 2{,}0 \cdot 10^{30}\ kg}{1{,}3 \cdot 10^{17} \frac{kg}{a}} \approx 1{,}50 \cdot 10^{11}\ a$$

Nach 150 Milliarden Jahren hat die Sonne 1 % ihrer Masse verloren. 3

**2** a) 7 Minuten,

In der nicht relativistischen Näherung gilt: Die elektrische Energie, die das Elektron mit Ladung $-e = -1{,}62 \cdot 10^{-19}$ C und $m_0 = 9{,}1 \cdot 10^{-31}$ kg beim Durchlaufen der Beschleunigungsspannung U erhält, wird direkt in kinetische Energie umgewandelt. Die beiden Energien können also gleichgesetzt werden.

$$E_{el} = E_{kin}$$

$$e \cdot U_B = \frac{1}{2} m_0 \cdot v^2$$ 3

Aufgelöst nach der Beschleunigungsspannung ergibt sich:

$$U_B = \frac{m_0 \cdot v^2}{2e}$$ 1

Für die Geschwindigkeit v wird $0{,}9c = 0{,}9 \cdot 3{,}0 \cdot 10^8 \,\frac{m}{s}$ eingesetzt.

$$U_B = \frac{9{,}1 \cdot 10^{-31}\,\text{kg} \cdot \left(0{,}9 \cdot 3{,}0 \cdot 10^8\,\frac{m}{s}\right)^2}{2 \cdot 1{,}6 \cdot 10^{-19}\,\text{As}} \approx 208\,\text{kV}$$ 2

b) 10 Minuten,

Bei der relativistischen Betrachtung ist die kinetische Energie:

$E_{kin} = \left(m(v) - m_0\right) \cdot c^2$ 2

Durch das Gleichsetzen der kinetischen Energie mit der elektrischen Energie erhält man:

$$e \cdot U_B = \left(m(v) - m_0\right) \cdot c^2$$

$$m(v) = \frac{e \cdot U_B}{c^2} + m_0$$ 1

Weiter gilt für die Masse bei relativistischen Geschwindigkeiten:

$$m(v) = \frac{m_0}{\sqrt{1 - \frac{v^2}{c^2}}}$$ 1

Insgesamt ergibt sich:

$$\frac{m_0}{\sqrt{1 - \left(\frac{v}{c}\right)^2}} = \frac{e \cdot U_B}{c^2} + m_0$$ 2

Aufgelöst nach v erhält man:

$$v = c \cdot \sqrt{1 - \left(\frac{m_0}{\frac{e \cdot U_B}{c^2} + m_0}\right)^2}$$

$$= c \cdot \sqrt{1 - \left(\frac{9{,}1 \cdot 10^{-31}\,\text{kg}}{\frac{1{,}6 \cdot 10^{-19}\,\text{As} \cdot 208 \cdot 10^3\,\text{V}}{\left(3{,}0 \cdot 10^8\,\frac{m}{s}\right)^2} + 9{,}1 \cdot 10^{-31}\,\text{kg}}\right)^2} \approx 0{,}7c$$ 2

Die bei der gegebenen Beschleunigungsspannung $U_B$ erreichte Geschwindigkeit ist mit 0,7c kleiner als die angestrebten 0,9c. Der Grund ist, dass ein Teil der Beschleunigungsenergie in den relativen Massenzuwachs des Elektrons fließt. Eine relativistische Rechnung ist ab etwa $v > 0{,}1c$ nötig.

1

c) 9 Minuten,
Für die kinetische Energie gilt klassisch:

$$E_{kin} = \frac{1}{2} m_0 \cdot v^2$$ 2

Für die relativistische Energie dagegen gilt:

$$E_{kin} = \left[ \frac{m_0}{\sqrt{1-\left(\frac{v}{c}\right)^2}} - m_0 \right] \cdot c^2 = \left[ \frac{1}{\sqrt{1-\left(\frac{v}{c}\right)^2}} - 1 \right] \cdot m_0 \cdot c^2$$ 2

Setzt man die angegebenen Bruchteile der Lichtgeschwindigkeit für die Geschwindigkeit v ein, ergibt sich Folgendes:

| v | $E_{kin,\ klass.}$ in $m_0 \cdot c^2$ | $E_{kin,\ relativ.}$ in $m_0 \cdot c^2$ | Abweichung |
|---|---|---|---|
| 0,01c | $E_{kin} = 0{,}00005$ | $E_{kin} = 0{,}00005$ | 0 % |
| 0,1c | $E_{kin} = 0{,}005$ | $E_{kin} \approx 0{,}00504$ | –0,8 % |
| 0,9c | $E_{kin} = 0{,}405$ | $E_{kin} \approx 1{,}294$ | –69 % |

3

Die prozentuale Abweichung A errechnet sich wie folgt:

$$A = \frac{E_{kin,\ klassisch} - E_{kin,\ relativistisch}}{E_{kin,\ relativistisch}} \cdot 100\ \%$$

**3** a) 3 Minuten,
Nach klassischer Rechnung gilt:

$$s = v \cdot t$$
$$= 0{,}999 \cdot 3{,}0 \cdot 10^8\ \frac{m}{s} \cdot 2{,}2 \cdot 10^{-6}\ s \approx 660\ m$$

Das bedeutet, dass die Myonen schon nach weniger als einem Kilometer zerfallen sein müssten und nicht auf der Erdoberfläche ankommen können, da sie dazu 13 km durch die Atmosphäre fliegen müssten. 2

b) 8 Minuten,
Aus irdischer Sicht ist die Zeitdilatation zu berücksichtigen. Die Zeit im Myonensystem läuft langsamer und es gilt für die Lebensdauer:

$$t' = \frac{t}{\sqrt{1-\frac{v^2}{c^2}}}$$

$$= \frac{2,2 \cdot 10^{-6}\,s}{\sqrt{1-(0,999)^2}} \approx 4,9 \cdot 10^{-5}\,s$$ 3

Während dieser Zeit fliegt das Myon folgende Strecke:

$$s = 0,999 \cdot 3,0 \cdot 10^8\,\frac{m}{s} \cdot 4,9 \cdot 10^{-5}\,s \approx 14\,685\,m$$

Das sind mehr als 14 km, also weiter, als die Hochatmosphäre von der Erde entfernt ist. 2

Aus Myonensicht ist die Längenkontraktion zu berücksichtigen, dem Myon „erscheint" die Atmosphäre wesentlich dünner:

$$d' = d \cdot \sqrt{1-\frac{v^2}{c^2}}$$

$$= 13 \cdot 10^3\,m \cdot \sqrt{1-(0,999)^2} \approx 580\,m$$ 3

Um die Strecke von 580 m zurückzulegen, genügt die Lebensdauer des Myons, denn 580 m ist kleiner als die errechneten 660 m, die das Myon während seiner Lebensdauer zurücklegen kann. 2

**4** a) 5 Minuten,
Die Lorentzkraft wirkt als Zentripetalkraft, also gilt:

$$F_Z = F_{Lorentz}$$

$$\frac{m \cdot v^2}{r} = e \cdot v \cdot B$$ 2

Aufgelöst nach r ergibt sich:

$$r = \frac{m \cdot v}{e \cdot B}$$

Da die Protonen ungefähr mit Lichtgeschwindigkeit fliegen, nimmt die Protonenmasse zu und die Flussdichte B muss also proportional mit $m \cdot v$ zunehmen, damit die Kreisbahn weiterhin den gleichen Radius r hat. 3

b) 5 Minuten,
In der nichtrelativistischen Rechnung setzt man die klassische kinetische Energie mit der elektrischen Energie für ein Proton im elektrischen Feld E gleich und löst nach der Geschwindigkeit $v_1$ auf:

$$e \cdot U_B = \frac{1}{2} m \cdot {v_1}^2$$ 4

$$v_1 = \sqrt{\frac{2e \cdot U_B}{m}}$$ 2

$$= \sqrt{\frac{2 \cdot 1{,}6 \cdot 10^{-19}\,\text{As} \cdot 1{,}0 \cdot 10^5\,\text{V}}{1{,}67 \cdot 10^{-27}\,\text{kg}}} \approx 4{,}4 \cdot 10^6\,\frac{\text{m}}{\text{s}}$$ 2

c) 6 Minuten,
Die Geschwindigkeit beträgt $v_2 = 2{,}62 \cdot 10^8\,\frac{\text{m}}{\text{s}} \approx 0{,}873c$, die Gesamtenergie ist also:

$$E = m \cdot c^2 = \frac{m_0}{\sqrt{1 - \frac{v^2}{c^2}}} \cdot c^2$$ 2

$$E = \frac{1{,}67 \cdot 10^{-27}\,\text{kg}}{\sqrt{1 - (0{,}873)^2}} \cdot \left(3{,}0 \cdot 10^8\,\frac{\text{m}}{\text{s}}\right)^2 \approx 3{,}1 \cdot 10^{-10}\,\text{J} \approx 1{,}9 \cdot 10^9\,\text{eV}$$ 3

Die Gesamtenergie der Protonen ist 1,9 GeV.

Für die Massenzunahme gilt:

$$m(v) = \frac{1}{\sqrt{1 - \frac{v^2}{c^2}}} \cdot m_0$$

$$= \frac{1}{\sqrt{1 - \frac{(0{,}873 \cdot c)^2}{c^2}}} \cdot m_0 = 2{,}05 m_0$$ 2

Die Masse hat sich auf das 2,05-Fache und damit um 105 % vergrößert, da 205 % – 100 % = 105 %. 1

d) 3 Minuten,
Die Gleichung $r = \frac{m \cdot v}{e \cdot B}$ aus Teilaufgabe a wird nach B aufgelöst:

$$B = \frac{m \cdot v}{e \cdot r}$$ 1

$$= \frac{2{,}05 \cdot 1{,}67 \cdot 10^{-27}\,\text{kg} \cdot 2{,}62 \cdot 10^8\,\frac{\text{m}}{\text{s}}}{1{,}6 \cdot 10^{-19}\,\text{As} \cdot 100\,\text{m}} \approx 0{,}056\,\text{T}$$ 2

# Klausur 5

BE

**1** Mit einem feinen Strahl energiereicher Ionen kann man Materialoberflächen bearbeiten. Ein hierfür verwendetes Raster-Ionenstrahlgerät besteht aus einer Ionenkanone und dahinter angeordneten Ablenkplattenpaaren, die eine Ablenkung der Ionen quer zu ihrer Flugrichtung mithilfe elektrischer Felder erlauben, sodass man sie gezielt in sehr kurzer Zeitfolge auf ganz bestimmte Stellen auf der Materialoberfläche M schießen kann. 2-fach geladene Argon-Ionen fliegen von der Anode A zur Austrittsöffnung K.

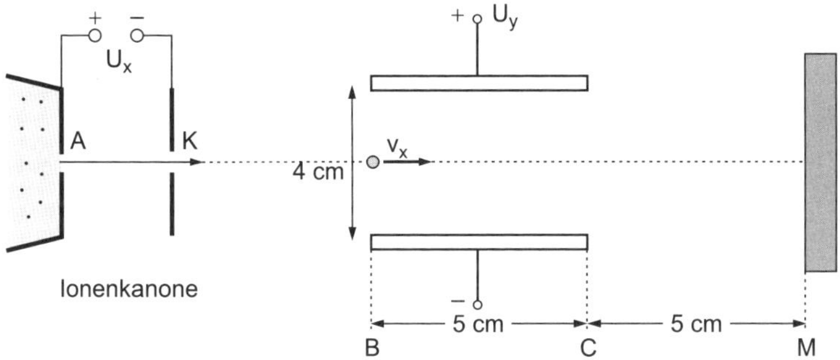


a) Was ist mit der Charakterisierung „2-fach geladen“ gemeint? Welches Vorzeichen muss die Ladung der Ionen besitzen, damit die Apparatur funktioniert? Begründen Sie Ihre Entscheidung. 3

b) Charakterisieren Sie die Bewegung eines Ions im Gebiet zwischen A und K. Nehmen Sie dabei an, dass das Teilchen in horizontaler Bewegungsrichtung durch die Öffnung A in das Gebiet eintritt. Geben Sie für den Bewegungsablauf eine physikalische Begründung an. 4

c) Wie viele Elektronen trägt jedes Ion? Wie viele Ionen treten pro Sekunde aus der Ionenkanone aus, wenn bei M eine Stromstärke von 0,1 mA gemessen wird? 7

d) Beschreiben Sie den Verlauf der potenziellen und der kinetischen Energie eines Ions entlang der Flugstrecke in Worten. 5

e) Welche Spannung $U_x$ wird benötigt, um einem Ion eine maximale kinetische Energie von 10 keV zu verleihen? 5

f) Aus welcher Höhe müsste man das Ion fallen lassen, damit es allein aufgrund seiner Masse dieselbe kinetische Energie erreicht? Nehmen Sie an, dass der Vorgang in der Nähe der Erdoberfläche stattfindet. 7

g) Welche Geschwindigkeit besitzt ein Ion, wenn es durch die Öffnung K tritt? Wie viel Mal schneller ist im Vergleich dazu bei gleicher Spannung $U_x$ ein 4-fach geladenes Ar-Ion, wenn es die Öffnung erreicht? 10

**2** 2-fach geladene Argon-Ionen treten mit einer Geschwindigkeit von $v_x \approx 3{,}3 \cdot 10^5 \frac{m}{s}$ in die Ablenkeinrichtung des Ionenstrahlgeräts ein. Die Spannung $U_y$ zwischen den Ablenkplatten beträgt 4 kV.

a) Zeichnen Sie das unter Aufgabe 1 dargestellte Ablenkplattenpaar mit den angegebenen Originalmaßen und skizzieren Sie dann einen möglichen Bahnverlauf für ein solches Teilchen (1) im Bereich von B bis M sowie für 6

(2) ein Teilchen mit der doppelten Ladung gleichen Vorzeichens wie (1).

(3) ein Teilchen mit einer um 50 % höheren Geschwindigkeit $v_x$ als (1).

(4) das Teilchen (1) bei der doppelten Ablenkspannung.

b) Welche Typen von Bewegungen treten entlang der Teilchenbahn im Gebiet von B bis M auf? Unterscheiden Sie hier zwischen horizontaler (x) und vertikaler (y) Bewegungsrichtung. Begründen Sie mithilfe der in verschiedenen Bahnabschnitten auf ein Teilchen wirkenden Kräfte. 8

c) Während der Oberflächenbearbeitung ist es manchmal notwendig, den Strahl sehr schnell abzuschalten. Dies wird dadurch erreicht, dass die Teilchen mithilfe der Ablenkspannung $U_y$ auf eine der Platten gelenkt werden, sodass sie nicht mehr zum Material gelangen. Wie groß muss die Ablenkspannung dazu mindestens sein? Geben Sie einen Rechenweg an. 7

d) Welchen Einfluss hat die Ablenkspannung $U_y$ auf die Geschwindigkeit, mit der die Ionen auf die Materialoberfläche treffen? Geben Sie für Ihre Einschätzung eine physikalische Begründung an. 3

e) Während der Ionenstrahlbearbeitung wird an der Materialoberfläche (M) eine deutliche Temperaturerhöhung festgestellt. Geben Sie für diese Erscheinung eine physikalische Erklärung an. Warum ist diese Temperaturerhöhung an metallischen Proben geringer als an anderen Materialien (z. B. Keramiken)? 5

## Hinweise und Tipps

**1** a) Denken Sie an den Aufbau der Atome aus Kern und Elektronenhülle.

b) • Welche Arten von Bewegungen kennen Sie aus dem Physikunterricht?
• Welche Kräfte wirken in dem Gebiet auf das Teilchen?

c) • Die Elektronenzahl können Sie im Periodensystem der Elemente nachschlagen.
• Wie berechnet man bei gegebener Stromstärke die in einer bestimmten Zeit geflossene elektrische Ladung? Wie viel Ladung trägt jedes Ion bei?

d) Wo ist die kinetische Energie maximal bzw. minimal?

e) Wie viel potenzielle Energie gewinnt ein Teilchen mit der Ladung +e, das gegen eine Spannung von 1 V verschoben wird?

f) • Rechnen Sie zuerst die kinetische Energie des Ions in die Einheit Nm um.
• Bestimmen Sie die Masse des Ions mithilfe des Periodensystems.

g) • Setzen Sie die kinetische Energie des Ions in der Einheit Nm an.
• Welche für die Bewegung des Ions wichtige physikalische Größe ändert sich durch den höheren Ionisationsgrad?
• Stellen Sie eine Formel zur Berechnung der Geschwindigkeit auf, die die Beschleunigungsspannung $U_x$ enthält.

**2** a) • Gehen Sie bei der Unterscheidung der Teilchenbahnen von der Bahngleichung für geladene Teilchen im elektrischen Querfeld aus.
• Welche Veränderung erwarten Sie an der Bewegung, wenn das Teilchen das Gebiet zwischen den Ablenkplatten verlässt?

b) Es gibt gleichmäßige und gleichmäßig beschleunigte Bewegungen.

c) • Skizzieren Sie sich verschiedene Teilchenbahnen, die ein „Abschneiden“ des Ionenstrahls vor der Materialoberfläche M bewirken.
• Arbeiten Sie mit der Bahngleichung.

d) • Die Bewegung eines Ions kann man sich zusammengesetzt denken aus zwei unabhängigen, zueinander senkrecht verlaufenden, geradlinigen Teilbewegungen.
• Betrachten Sie die Bahngeschwindigkeit.

e) • Argumentieren Sie mit dem Prinzip der Energieerhaltung.
• Betrachten Sie die Wechselwirkung der Ionen mit den Atomen im oberflächennahen Bereich des beschossenen Materials.

## Lösung

**1** a) 3 Minuten, /
„2-fach geladen" bedeutet in diesem Zusammenhang, dass die Ionen je 2 Elektronen weniger besitzen als ein neutrales Ar-Atom. 1
Es muss sich um positiv geladene Ionen handeln, da sie andernfalls durch die im Bild dargestellte Elektrodenanordnung A – K nicht beschleunigt, sondern abgebremst werden würden. 2

b) 3 Minuten, /
Das Teilchen führt eine gleichmäßig beschleunigte Bewegung in Richtung K aus, da es aufgrund seiner positiven elektrischen Ladung in dem homogenen elektrischen Feld zwischen A und K eine räumlich und zeitlich unveränderliche, nach rechts gerichtete Kraft erfährt. 4

c) 6 Minuten, /
Ar: Ordnungszahl $Z = 18$ 1
$Ar^{2+}$: 2 Elektronen fehlen
Also trägt jedes Ion $18 - 2 = 16$ Elektronen. 2

Elektrische Stromstärke:

$$I = \frac{Q}{t} = \frac{2e \cdot N_{Ar}}{t} \quad \text{mit } N_{Ar} = \text{Anzahl der Ionen}$$ 2

$$N_{Ar} = \frac{I \cdot t}{2e}$$

$$\approx \frac{10^{-4}\,A \cdot 1s}{2 \cdot 1{,}6 \cdot 10^{-19}\,As} \approx 0{,}31 \cdot \frac{10^{-4}}{10^{-19}} \cdot \frac{As}{As} \approx 3{,}1 \cdot 10^{14}$$ 2

In jeder Sekunde treten ca. $3{,}1 \cdot 10^{14}$ Ionen aus der Ionenkanone aus.

d) 3 Minuten,
In A besitzt das Ion die maximale potenzielle Energie $W_{pot}$, seine kinetische Energie $W_{kin}$ ist dort (fast) null. 2
Entlang der Strecke $\overline{AK}$ nimmt $W_{pot}$ ab und $W_{kin}$ zu. 1
Bei K ist $W_{kin}$ maximal und $W_{pot}$ minimal. 2

e) 5 Minuten,
Die potenzielle Energie bei A ist näherungsweise gleich der kinetischen Energie bei K: 1

$W_{pot,\,A} = W_{kin,\,K}$

$q \cdot U_x = W_{kin,\,K} = 10\text{ keV}$ 2

Für q wird $q = 2e$ eingesetzt:

$2e \cdot U_x = e \cdot 10^4\text{ V} \qquad |:(2e)$

$U_x = 5\,000\text{ V} = 5\text{ kV}$ 2

Es wird eine Beschleunigungsspannung von 5 kV benötigt.

f) 8 Minuten,
Lageenergie eines angehobenen Ar-Ions:

$m_{Ar} \cdot g \cdot h = W_{pot,\,A}$

$$h = \frac{W_{pot,\,A}}{m_{Ar} \cdot g}$$ 2

Gewicht von Ar mit Massenzahl $M = 40$:

$m_{Ar} \approx 40 \cdot 1{,}66 \cdot 10^{-27}\text{ kg} \approx 6{,}64 \cdot 10^{-26}\text{ kg}$ 2

Eingesetzt in die Gleichung von h liefert die Höhe:

$$h \approx \frac{10^4\text{ eV} \cdot 1{,}6 \cdot 10^{-19}\,\frac{\text{Nm}}{\text{eV}}}{6{,}64 \cdot 10^{-26}\text{ kg} \cdot 9{,}81\,\frac{\text{N}}{\text{kg}}} = 2{,}5 \cdot 10^9\text{ m}$$ 3

Das Ion müsste auf eine riesige Höhe von $2{,}5 \cdot 10^9$ m gebracht werden.

g) 10 Minuten, /

$$W_{kin,\,K} = \frac{1}{2} m_{Ar} \cdot v^2$$ 2

$$v = \sqrt{\frac{2W_{kin,\,K}}{m_{Ar}}}$$

$$\approx \sqrt{\frac{2 \cdot 1{,}6 \cdot 10^{-15}\text{ Nm}}{6{,}64 \cdot 10^{-26}\text{ kg}}} \approx 2{,}2 \cdot 10^5\,\frac{\text{m}}{\text{s}}$$ 3

Die Geschwindigkeit des Ions beträgt etwa $2{,}2 \cdot 10^5\,\frac{\text{m}}{\text{s}}$.

Geschwindigkeit eines $Ar^{2+}$-Ions mit Ladung 2e:

$$v_{Ar^{2+}} = \sqrt{\frac{2q \cdot U_x}{m_{Ar}}} = \sqrt{\frac{2 \cdot 2e \cdot U_x}{m_{Ar}}} = 2\sqrt{\frac{e \cdot U_x}{m_{Ar}}}$$ 2

Geschwindigkeit eines $Ar^{4+}$-Ions mit Ladung 4e:

$$v_{Ar^{4+}} = \sqrt{\frac{2q \cdot U_x}{m_{Ar}}} = \sqrt{\frac{8e \cdot U_x}{m_{Ar}}} = \sqrt{2} \cdot 2 \cdot \sqrt{\frac{e \cdot U_x}{m_{Ar}}} = \sqrt{2} \cdot v_{Ar^{2+}}$$ 2

Diese Geschwindigkeit ist um einen Faktor $\sqrt{2}$ höher als die eines $Ar^{2+}$-Ions. 1

**2** a) 8 Minuten,

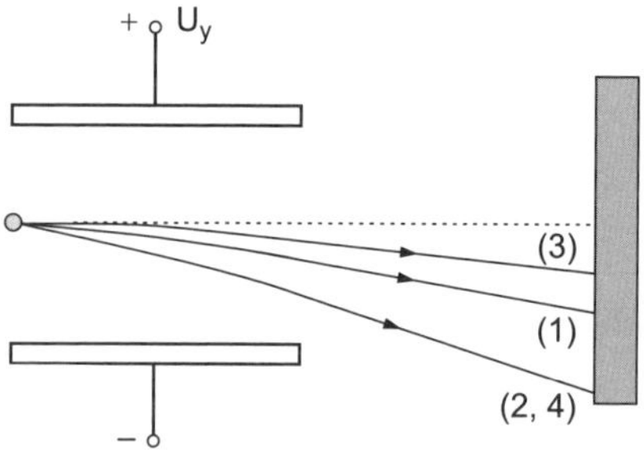


6

Hinweise zur Zeichnung:

- Zwischen den Ablenkplatten: parabelförmiger Verlauf mit Rechtskrümmung
- Hinter den Ablenkplatten: linearer Verlauf also eine Gerade, die sich ohne Knick anschließt
- Fall (2, 4): die Ablenkung ist an jeder Stelle zwischen den Platten doppelt so groß wie im Fall (1), da nach der Bahngleichung $y \sim q \cdot U_y$ gilt.
- Fall (3): Nach der Bahngleichung ist $y \sim \frac{1}{v_x^2}$, also ist die Ablenkung zwischen den Platten knapp halb so groß wie im Fall (1).

b) 7 Minuten,

B → C x: Gleichförmige Bewegung, da das elektrische Feld zwischen den Platten senkrecht zur x-Richtung zeigt und somit in diese Richtung keine Kraft wirkt. 2

y: Gleichmäßig beschleunigte Bewegung in negative y-Richtung, da die Ablenkplatten auf das Ion eine konstante elektrische Feldkraft in diese Richtung ausüben. 2

C → M x: Gleichförmige Bewegung, da das Gebiet feldfrei ist und daher parallel zur x-Richtung keine Kraft wirkt. 2

y: Gleichförmige Bewegung, da ohne elektrisches Feld auch parallel zur y-Richtung keine Kraft wirkt. 2

c) 9 Minuten,

Die Gleichung der Bahnkurve eines Ladungsträgers im elektrischen Querfeld (hier in y-Richtung) lautet:

$$y = -\frac{q \cdot U_y}{2d \cdot m_{Ar} \cdot v_x^2} \cdot x^2$$ 2

Dabei ist d der Abstand der Platten, $U_y$ die Ablenkspannung, q die Ladung des Ladungsträgers, $v_x$ seine Geschwindigkeit in x-Richtung und $m_{Ar}$ die Masse des Ladungsträgers.

Diese Gleichung wird nach $U_y$ aufgelöst. Für die Grenzspannung wird für y der Startpunkt genau in der Mitte der Platten eingesetzt und für die maximale Länge x wird die Länge der Platten eingesetzt, sodass die Teilchen auf die Platte auftreffen.

$$U_y = -\frac{y \cdot 2d \cdot m_{Ar} \cdot v_x^2}{q \cdot x^2}$$ 2

$$\approx \frac{2 \cdot 10^{-2}\,\text{m} \cdot 2 \cdot 4 \cdot 10^{-2}\,\text{m} \cdot 6{,}68 \cdot 10^{-26}\,\text{kg} \cdot \left(3{,}3 \cdot 10^{5}\,\frac{\text{m}}{\text{s}}\right)^2}{2 \cdot 1{,}6 \cdot 10^{-19}\,\text{C} \cdot (5 \cdot 10^{-2}\,\text{m})^2}$$

$$\approx 14{,}5 \cdot 10^{3}\,\frac{\text{Nm}}{\text{C}} = 14{,}5\,\text{kV}$$ 3

Es wird eine Ablenkspannung von mindestens 14,5 kV benötigt.

d) 3 Minuten,
Eine Erhöhung der Ablenkspannung $U_y$ bewirkt eine geringfügige Erhöhung der Bahngeschwindigkeit der Ionen. Dies liegt daran, dass durch $U_y$ die Teilchen in y-Richtung beschleunigt werden. Die parallel zur y-Richtung gemessene Geschwindigkeit $v_y$ nimmt daher bei einer Erhöhung von $U_y$ zu. Da die Bahngeschwindigkeit v nach

$$v = \sqrt{v_x^2 + v_y^2}$$

berechnet wird, nimmt auch diese durch das Glied $v_y^2$ unter der Wurzel zu. 3

e) 5 Minuten,
Die Ionen besitzen beim Auftreffen auf die Oberfläche M eine hohe kinetische Energie. Den überwiegenden Teil dieser Energie geben sie an die Atome in einer dünnen Oberflächenschicht des bearbeiteten Materials ab, die durch Stöße in Schwingungen um ihre Ruhelagen versetzt werden. Daher nimmt die innere Energie der Oberflächenschicht und damit auch ihre Temperatur zu. 3

In metallischen Materialien kann die durch den Ionenbeschuss in die Oberflächenschicht eingetragene Energie schnell durch den Prozess der Wärmeleitung auf das ganze Material verteilt werden, sodass die Temperatur an der Oberfläche nicht so stark ansteigt wie in Materialien mit schlechtem Wärmeleitvermögen, wie z. B. Keramiken. 2

# Klausuren zum Themenbereich 2

- Mechanische Schwingungen
- Elektromagnetische Schwingungen und Wellen
- Stehende Wellen und Interferenz
- Doppelspalt und Beugungsgitter
- Elektromagnetisches Spektrum

# Klausur 6

BE

**1**

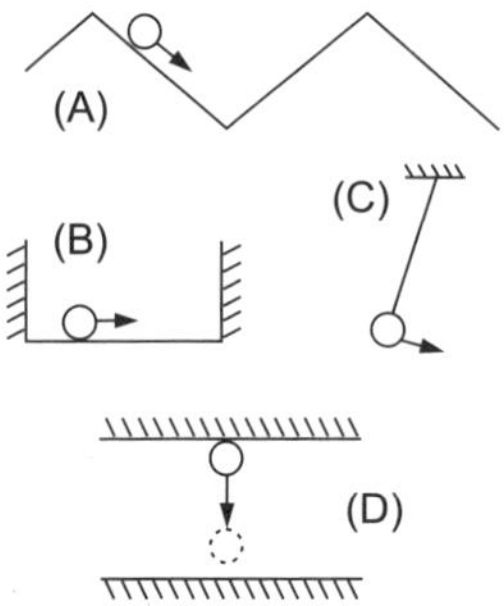


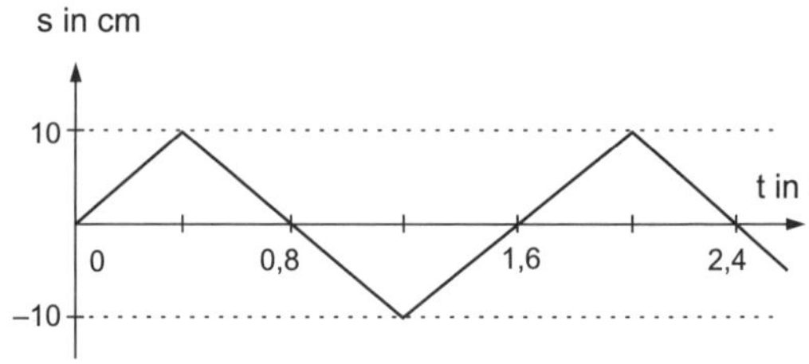


a) Welcher der Vorgänge (A) – (D) passt am besten zu dem im t-s-Diagramm dargestellten Zeitverlauf? Begründen Sie Ihre Entscheidung. 6

b) Lesen Sie aus dem Diagramm die Amplitude, die Periodendauer sowie den in der ersten Sekunde von dem schwingenden Körper zurückgelegten Weg ab. 3

c) Max ist aufgefallen, dass der schwingende Körper in jeder beliebigen Sekunde den gleichen Weg zurücklegt. Überprüfen Sie, ob dieses Verhalten allen Schwingungen gemeinsam ist oder ob es sich um eine besondere Eigenschaft der hier dargestellten Schwingung handelt. 3

**2** Die Tabelle soll die Auslenkung eines Fadenpendels als Funktion der Zeit zeigen. Es ist bekannt, dass die Fadenlänge größer als 0,5 m ist.

| t in s | 0 | 0,2 | 0,4 | 0,6 | 0,8 | 1,0 | 1,2 |
|---|---|---|---|---|---|---|---|
| s in cm | | | 0 | −1,7 | | | 0 |

a) Bestimmen Sie für die fehlenden Eintragungen passende Zahlenwerte. Stellen Sie für s(t) einen geeigneten Funktionsterm auf. 10

b) Geben Sie drei Zeiten an, zu denen der Pendelkörper die maximale Geschwindigkeit erreicht, und bestimmen Sie diese Geschwindigkeit. 7

c) Verändern Sie die Zahlenwerte in der Tabelle so, dass diese bei gleicher Startauslenkung etwa den Zeitverlauf einer Schwingung eines identischen Pendels anzeigt, das

(1) sich auf der Mondoberfläche befindet,

(2) sich in der in einer Erdumlaufbahn kreisenden internationalen Raumstation ISS befindet. 5

**3**

Tony trainiert auf einer Halfpipe-Anlage. Die Bahn besteht aus zwei symmetrisch angeordneten Kreisbögen, die in der Tallage ohne Knick in ein 12 m langes horizontales Flachstück übergehen. Im Folgenden soll angenommen werden, dass Tony auf dem Skateboard nur physikalisch vernachlässigbare Bewegungen macht und dass Reibungskräfte oder Luftwiderstand seine Fahrt nicht beeinflussen.

a) Betrachten Sie Tonys Fahrt als Schwingung und bestimmen Sie die auf der Bahn mögliche maximale und minimale Amplitude, wenn die Auslenkung entlang der Fahrbahn gemessen wird. 4

b) Skizzieren Sie einen möglichen Bewegungsverlauf in Form eines Zeit-Auslenkungs-Diagramms. Lassen Sie dazu Tony aus einer Höhe von 2 m bezogen auf das Nullniveau starten (Punkt A). Vergleichen Sie den Zeitverlauf mit dem der Bewegung eines Fadenpendels. 9

c) Bestimmen Sie näherungsweise den Betrag der an der Stelle A auf den Skater wirkenden beschleunigenden Kraft mithilfe einer maßstäblichen Zeichnung. Verwenden Sie für fehlende Angaben vernünftige Schätzwerte. 7

d) An welcher Stelle der Bahn erreicht Tony die maximale Geschwindigkeit? Begründen Sie. 3

e) Lassen Sie Tony wieder vom Punkt A aus starten und berechnen Sie seine maximale Geschwindigkeit. Bestimmen Sie dann näherungsweise die Fahrzeit, die Tony benötigt, bis er auf der gegenüberliegenden Seite der Bahn wieder 2 m Höhe erreicht. 9

f) Zeigen Sie anhand der Ergebnisse aus Teilaufgabe e, dass die Periodendauer der vom Skater ausgeführten Schwingung im Gegensatz zu einem schwach ausgelenkten Fadenpendel vom Startort des schwingenden Körpers abhängt. 4

## Hinweise und Tipps

**1** a) Betrachten Sie den Zeitverlauf der Geschwindigkeit der bewegten Körper.

b) Unterscheiden Sie zwischen der Länge des zurückgelegten Weges und der Auslenkung s.

c) Argumentieren Sie mit der Durchschnittsgeschwindigkeit des Körpers.

**2** a)
- Bestimmen Sie aus der Lage der Nulldurchgänge die Periodendauer bzw. Vielfache der Periodendauer des Pendels.
- Berücksichtigen Sie dabei die Angabe über die Fadenlänge.
- Verwenden Sie als Ansatz für s(t) einen Kosinus-Term.

b) Werten Sie zur Bestimmung der maximalen Geschwindigkeit die erste Ableitung der Auslenkung nach der Zeit aus.

c)
- Vergleichen Sie die Ortsfaktoren an der Erdoberfläche bzw. auf dem Mond.
- Bedenken Sie die Schwerelosigkeit der Astronauten in der Raumstation.

**3** a) Berechnen Sie die gesamte Bahnlänge, das ist die maximale Auslenkung.

b)
- Wählen Sie eine Ruhelage, sodass die Bewegung ein mit der Schwingung eines Fadenpendels vergleichbares Symmetriezentrum aufweist.
- In welchen Bereichen kann die Bewegung mit der Schwingung eines Fadenpendels annähernd verglichen werden? Betrachten Sie dazu die Geschwindigkeit des Skaters.
- Charakterisieren Sie den Bewegungsverlauf in den anderen Bereichen.

c)
- Entnehmen Sie zuerst den ungefähren Neigungswinkel der Bahn an der Stelle A aus der Zeichnung in der Angabe.
- Führen Sie dann eine Kräftezerlegung durch.

d) Überlegen Sie, an welchen Stellen die potenzielle Energie ganz in kinetische Energie umgewandelt ist.

e)
- Wenden Sie das Prinzip der Energieerhaltung an.
- Vergleichen Sie zur Bestimmung der Fahrzeit auf den Kreissegmenten die Bewegung des Skaters mit der Schwingung eines Fadenpendels.
- Im Flachstück ist die Geschwindigkeit konstant.

f)
- Betrachten Sie die Periodendauer wie in Teilaufgabe 3e.
- Drücken Sie die Geschwindigkeit im Flachstück als Funktion der Starthöhe h aus.

## Lösung

**1** a) 6 Minuten,

Der Zeitverlauf ist dadurch gekennzeichnet, dass die Geschwindigkeit des Körpers zwischen den Umkehrpunkten immer gleich groß ist, weil die Steigung des Graphen in den entsprechenden Zeitintervallen konstant ist. 2

Bei den Vorgängen (A), (C) und (D) wird stets eine Geschwindigkeitszunahme beobachtet, wenn sich der Körper abwärtsbewegt. Nur in Situation (B) bewegt sich der Körper zwischen den Wänden links und rechts mit konstanter Geschwindigkeit. 2

Die Richtungsänderung in den Umkehrpunkten erfolgt rasch, sodass damit auch die am Graphen auftretenden Spitzen erklärt werden können. 1

Somit passt ausschließlich Vorgang (B) zu dem Diagramm. 1

b) 3 Minuten, /

Amplitude: $s_0 = 10$ cm 1

Periodendauer: $T = 1{,}6$ s 1

Von $t = 0$ bis $t = 0{,}8$ s werden $2 \cdot 10$ cm zurückgelegt. Bis $t = 1$ s sind es dann noch einmal $0{,}5 \cdot 10$ cm. Also ist die zurückgelegte Weglänge $\ell = 25$ cm. 1

c) 3 Minuten,

Das von Max festgestellte Verhalten resultiert daher, dass die Geschwindigkeit des Körpers für beliebige Sekundenintervalle betragsmäßig immer $25\,\frac{\text{cm}}{\text{s}}$ ist. 1

Dies ist kein allgemeines Kennzeichen von Schwingungen, insbesondere nicht von harmonischen Schwingungen. 1

Ausnahmen sind alle Schwingungen, deren Periodendauer genau der n-te Teil einer Sekunde ($n = 1, 2, 3, \ldots$) ist, da jeder schwingende Körper nach einer Periodendauer oder einem Vielfachen davon wieder am gleichen Ort beobachtet wird. 1

**2** a) 10 Minuten,

Zeit zwischen zwei Nulldurchgängen $\Delta t = 1{,}2\text{ s} - 0{,}4\text{ s} = 0{,}8\text{ s}$. 1

$\Delta t$ kann die Periodendauer oder ihr ganzzahliges Vielfaches sein. Man entscheidet mithilfe der Angabe über die Pendellänge:

$$T > 2\pi \cdot \sqrt{\frac{0{,}5\text{ m}}{9{,}81\,\frac{\text{m}}{\text{s}^2}}} \approx 1{,}42\text{ s}$$

Also ist $T = 1{,}6$ s eine sinnvolle Annahme. 1

Skizze:

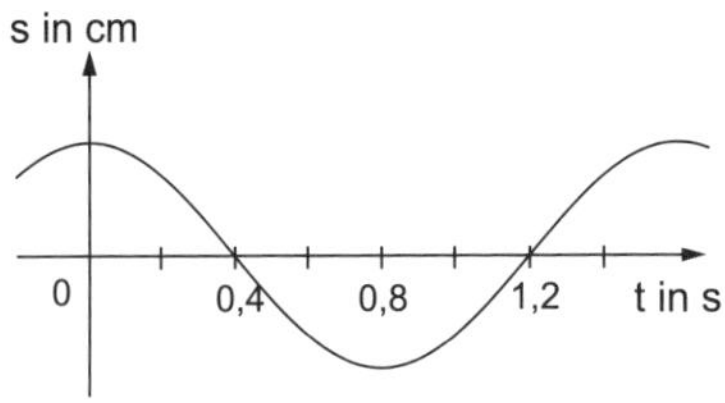


Die Maxima und Minima von s(t) liegen gegenüber den Nulldurchgängen um 0,4 s zeitlich verschoben, also u. a. bei $t = 0$; 0,8 s. 1

Die Lage der Maxima und Minima legt für s(t) einen Kosinus-Ansatz mit einem noch zu bestimmenden Amplitudenfaktor a nahe:

$$s(t) = a \cdot \cos\left(\frac{2\pi}{1{,}6\text{ s}} \cdot t\right)$$ 2

Bestimmung des Amplitudenfaktors:

$$s(0{,}6\text{ s}) = a \cdot \cos\left(\frac{2\pi}{1{,}6\text{ s}} \cdot 0{,}6\text{ s}\right) = -1{,}7\text{ cm}$$

$$a = \frac{-1{,}7\text{ cm}}{\cos\left(\frac{3}{4}\pi\right)} \approx 2{,}4\text{ cm}$$ 1

Also ergibt sich für die Schwingung:

$$s(t) = 2{,}4\text{ cm} \cdot \cos\left(\frac{2\pi}{1{,}6\text{ s}} \cdot t\right)$$ 2

Mithilfe des Terms bzw. aus der Skizze ergeben sich alle fehlenden Werte für die Auslenkung:

| t in s | 0 | 0,2 | 0,4 | 0,6 | 0,8 | 1,0 | 1,2 | |
|---|---|---|---|---|---|---|---|---|
| s in cm | **2,4** | **1,7** | 0 | –1,7 | **–2,4** | **–1,7** | 0 | 2 |

b) 6 Minuten, /
Die maximale Geschwindigkeit erreicht der Pendelkörper jeweils beim Durchgang durch die Ruhelage (s = 0), also z. B. bei:
$t_1 = 0{,}4$ s; $t_2 = 1{,}2$ s und $t_3 = 2{,}0$ s 2

Für die Geschwindigkeit der Schwingung gilt:

$$v(t) = \dot{s}(t) \approx -2{,}4\,\text{cm} \cdot \frac{2\pi}{1{,}6\,\text{s}} \cdot \sin\left(\frac{2\pi}{1{,}6\,\text{s}} \cdot t\right)$$ 2

Maximale Geschwindigkeit bei t = 0,4 s:

$$|v(0{,}4\,\text{s})| \approx 9{,}4 \cdot \sin\left(\frac{\pi}{2}\right) \frac{\text{cm}}{\text{s}} \approx 9{,}4\,\frac{\text{cm}}{\text{s}}$$ 2

Die maximale Geschwindigkeit des Pendelkörpers beträgt knapp $0{,}1\,\frac{\text{m}}{\text{s}}$. 1

c) 5 Minuten, /
(1) Auf dem Mond ist der Ortsfaktor g nur etwa ein Sechstel so groß wie auf der Erde. Nach der Formel für die Periodendauer eines Fadenpendels gilt:

$$T' = 2\pi \cdot \sqrt{\frac{\ell}{\frac{1}{6}g}} = \sqrt{6} \cdot 2\pi \cdot \sqrt{\frac{\ell}{g}} = \sqrt{6}\,T$$

Es verlängern sich alle Zeitangaben um den Faktor $\sqrt{6} \approx 2{,}5$: 2

| t in s | 0 | **0,5** | **1** | **1,5** | **2** | **2,5** | **3** |
|---|---|---|---|---|---|---|---|
| s in cm | 2,4 | 1,7 | 0 | –1,7 | –2,4 | –1,7 | 0 |

1

(2) In der um die Erde kreisenden Raumstation herrscht Schwerelosigkeit, da sich die Gewichtskraft und Zentripetalkraft gerade zu null addieren. Daher fehlt die für eine Schwingung notwendige Rückstellkraft und eine Schwingung kann nicht stattfinden. 2

**3** a) 5 Minuten,
Die gesamte Bahnlänge setzt sich aus zwei Viertelkreisbögen und dem geraden Flachstück zusammen:

$$\ell_{\text{Bahn}} = \frac{1}{4} \cdot 2\pi \cdot 10\,\text{m} + 12\,\text{m} + \frac{1}{4} \cdot 2\pi \cdot 10\,\text{m} \approx 43{,}4\,\text{m}$$ 1

Maximale Amplitude: $s_{0,\,\max} = \frac{\ell_{\text{Bahn}}}{2} \approx 21{,}7\,\text{m}$ 1

Minimale Amplitude:
Eine Schwingung kommt nur zustande, wenn Tony links- und rechtsseitig über das Flachstück hinausfährt, da sonst auf ihn keine Rückstellkraft in Richtung Ruhelage wirkt. Daher ist: 1

$$s_{0,\,min} > \frac{1}{2} \cdot 12\ m = 6\ m$$ 1

b) 🕓 9 Minuten,

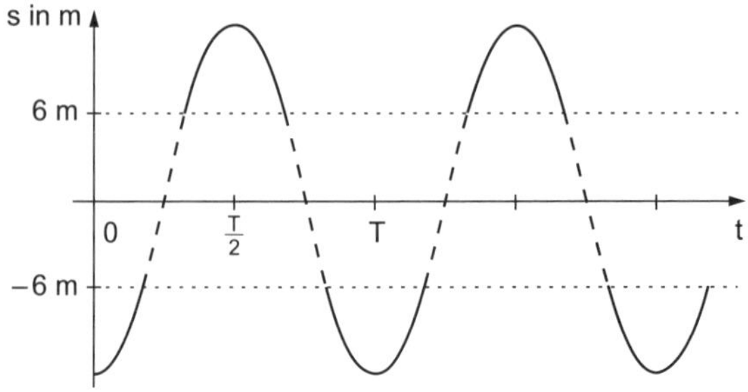


5

Hinweise zur Zeichnung:
- Maximale Auslenkung bei $t = 0$ s.
- Näherungsweise Kosinus-Verlauf, wenn der Skater mehr als 6 m von der Ruhelage (= Mitte des Flachstücks) entfernt ist.
- Jeweils linearer Kurvenverlauf im Intervall $-6\ m \leq s \leq 6\ m$.

In den gekrümmten Fahrbahnabschnitten mit $s < -6$ m und $s > 6$ m ist die Bewegung des Skaters mit der eines Fadenpendels vergleichbar. Der Zeitverlauf der Auslenkung kann dort durch den Graphen einer Kosinus-Funktion angenähert werden. 2
Im flachen Bereich der Bahn mit $-6\ m < s < 6$ m wirkt keine beschleunigende Kraft, sodass dort bei Vernachlässigung von Reibungsprozessen die Geschwindigkeit konstant ist. Zeitintervalle mit konstanter Geschwindigkeit gibt es beim Fadenpendel nicht. 1
Die Übergänge zwischen den Abschnitten erfolgen ohne Knick, da entlang der Bahn keine plötzlichen Geschwindigkeitsänderungen auftreten. 1

c) 🕓 7 Minuten, 🧠 / 🧠🧠

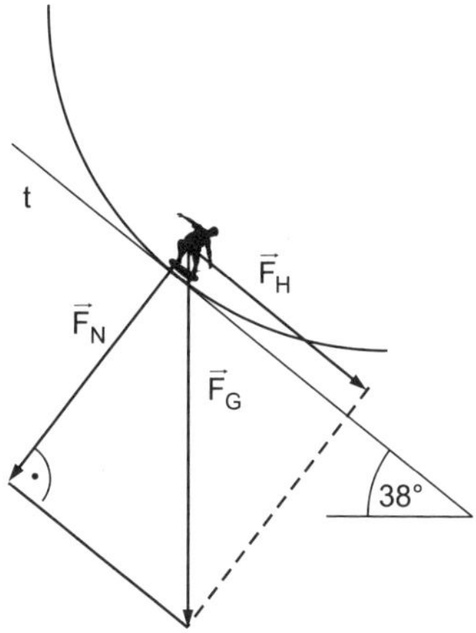


4

Hinweise zur Zeichnung:

- Ungefähren Neigungswinkel der Bahntangente t aus der Zeichnung in der Aufgabenstellung entnehmen.
- Fertigen Sie eine maßstäbliche Zeichnung an.
- Gewichtskraft $\vec{F}_G$ zeichnerisch zerlegen in die Normalkraft $\vec{F}_N$ senkrecht zur Tangente und Hangabtriebskraft $\vec{F}_H$ parallel zur Tangente.

Tonys Gewichtskraft:

$$F_G \approx 70\,\text{kg} \cdot 9{,}81\,\frac{\text{m}}{\text{s}^2} \approx 700\,\text{N}$$ 1

Die Hangabtriebskraft ist die beschleunigende Kraft auf Tony. Sie ist in der Zeichnung ca. 2,1 cm lang, das entspricht ca. 420 N. 2

d) 🕓 3 Minuten, 🧠 / 🧠🧠

Die maximale Geschwindigkeit wird jeweils erreicht, wenn der Skater aus einem der gekrümmten Bahnabschnitte in das Flachstück einfährt. Beim Erreichen des Flachstücks ist die gesamte potenzielle Energie (Lageenergie) in kinetische Energie (Bewegungsenergie) umgewandelt worden. Also erreicht die kinetische Energie hier ihren Maximalwert. 2

Sieht man von Reibungsprozessen sowie der Wirkung des Luftwiderstands ab, wird die Maximalgeschwindigkeit entlang des gesamten Flachstücks gehalten, da es hier keine beschleunigende Kraft gibt. 1

e) 9 Minuten, /

Energieerhaltung:

$$W_{pot,\,Start} = W_{kin,\,max}$$ 1

$$m \cdot g \cdot h = \frac{1}{2} m \cdot v_{max}^2$$ 1

$$v_{max} = \sqrt{2g \cdot h}$$

$$= \sqrt{2 \cdot 9{,}81 \, \frac{m}{s^2} \cdot 2\ m} \approx 6{,}26\, \frac{m}{s}$$ 2

Zerlegung der zwischen A und dem Zielort ausgeführten Bewegung in zwei physikalisch zu unterscheidende Phasen, damit die Fahrzeit bestimmt werden kann:

- Die Bewegung in den beiden gekrümmten Abschnitten kann als Bewegung eines Fadenpendels mit folgender Fadenlänge betrachtet werden:

  $\ell \approx 10\ m - 1\ m = 9\ m$

  $$t_1 \approx 2 \cdot \frac{1}{4} T = \frac{1}{2} \cdot 2\pi \cdot \sqrt{\frac{\ell}{g}} = \pi \cdot \sqrt{\frac{9\ m}{9{,}81\, \frac{m}{s^2}}} \approx 3{,}0\ s$$ 2

- Im Flachstück darf $v = \text{konst.} = v_{max}$ angenommen werden:

  $$t_2 = \frac{s}{v_{max}} = \frac{12\ m}{6{,}26\, \frac{m}{s}} \approx 1{,}9\ s$$ 2

Die gesamte Fahrzeit beträgt etwa $t_1 + t_2 = 4{,}9$ Sekunden. 1

f) 4 Minuten,

Die Periodendauer entspricht der doppelten Fahrzeit aus Teilaufgabe e:

$$T = 2 \cdot (t_1 + t_2) = 2\pi \cdot \sqrt{\frac{\ell}{g}} + 2 \cdot \frac{s}{v_{max}} = 2\pi \cdot \sqrt{\frac{\ell}{g}} + 2 \cdot \frac{s}{\sqrt{2g \cdot h}}$$ 2

Der zweite Summand wird mit zunehmender Starthöhe kleiner, damit wird auch T kleiner. 2

Eine zusätzliche Abhängigkeit vom Startort entsteht bei großen Startauslenkungen, z. B. beim Start aus der Maximalhöhe von 10 m, da dann für $t_1$ nicht mehr der vom Startort unabhängige Term für eine harmonische Schwingung angesetzt werden darf.

# Klausur 7

BE

**1**

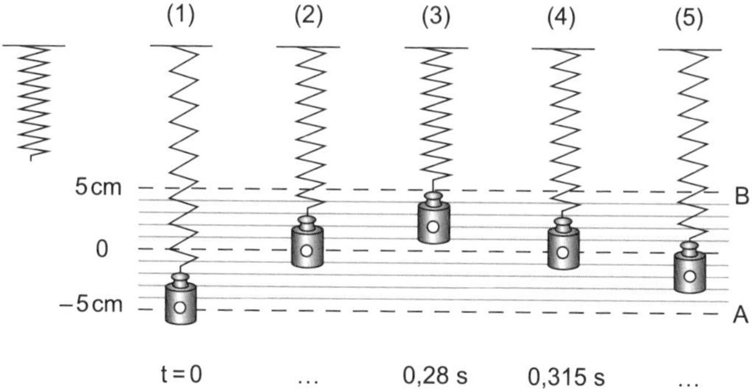


Der dargestellte Federschwinger führt zwischen den Lagen A und B eine harmonische Schwingung aus. Die Momentaufnahmen (1) bis (5) wurden innerhalb einer Periodendauer gemacht. Ganz links ist die Feder im ungedehnten Zustand abgebildet.

a) Charakterisieren Sie in jeder Lage die auf den an der Feder aufgehängten Körper wirkende beschleunigende Kraft durch einen Kraftpfeil. 5

b) Nennen Sie die Ursachen für das Auftreten der beschleunigenden Kraft. 2

c) Bestimmen Sie die fehlenden Zeitangaben bei Position (2) und (5) im Bild sowie die Frequenz der Schwingung. 6

d) Bestimmen Sie mithilfe der Länge der ungedehnten Feder die Federkonstante. Nehmen Sie an, dass der schwingende Körper 100 g wiegt. 5

e) Charakterisieren Sie den Zeitverlauf der Schwingung durch einen passenden Funktionsterm mit konkreten Parameterwerten. Bestimmen Sie mithilfe des Terms Lage und Geschwindigkeit des 100 g schweren Körpers zur Zeit $t = 10$ s. Aus welchem physikalischen Grund werden gemessene Werte für Lage und Geschwindigkeit von den berechneten Ergebnissen abweichen? 10

f) Während der im Bild dargestellten Schwingung wird ab t = 1 s die Aufhängung der Feder periodisch auf- und ab gerüttelt. Dies geschieht mit einer Frequenz von 10 Hz und einer Amplitude von 1 cm. Beschreiben Sie die nach längerer Wartezeit am Ablauf der Schwingung beobachteten Veränderungen in Worten. 3

g) Der schwingende Körper wird (bei fester Aufhängung) in ein Wasserbad getaucht und einmalig aus der Ruhelage ausgelenkt. Stellen Sie den Bewegungsverlauf als Funktion der Zeit für mindestens 3 Perioden mit und ohne Wasserbad in einem Diagramm dar. Begründen Sie die Unterschiede. 8

**2** Funktionierende Stoßdämpfer sind wichtig für die Fahrsicherheit unserer Autos. Sie sollen das Auf- und-ab-Schwingen einer Fahrzeugkarosserie begrenzen. Hierzu entziehen sie Karosserieschwingungen kontinuierlich Energie.

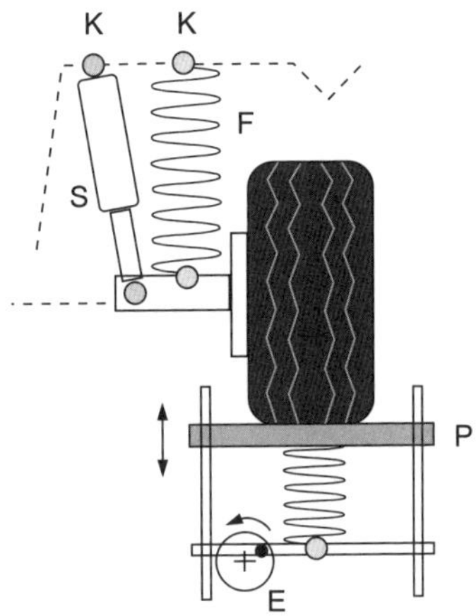


Auf dem Stoßdämpfer-Teststand im Bild wird jedes einzelne Rad mit seiner Aufhängung durch eine bewegliche Prüfplatte P in vertikale Schwingungen versetzt. Dies geschieht durch eine motorgetriebene rotierende Exzenterscheibe E, die über eine Feder mit der Platte verbunden ist und diese so zusammen mit dem Rad in eine periodische Auf-und-ab-Bewegung versetzt. Das Rad staucht und dehnt dabei die Feder F sowie den Stoßdämpfer S, die an den Stellen K mit der Karosserie verbunden sind.

Im Testbetrieb wird die Exzenterscheibe mit einer Drehfrequenz oberhalb von 10 Hz in Umdrehung versetzt und dann vom Motor entkoppelt, sodass sie frei ausdrehen kann. Durch die Trägheit einer mit der Scheibe verbundenen Schwungmasse (nicht dargestellt) dreht sich die Scheibe noch etwa 20 s weiter und regt dabei die Platte weiter zu Schwingungen an. Während des Ausdrehens wird die Lage des Rades als Funktion der Zeit aufgezeichnet.

Im Diagramm ist ein typisches Messergebnis dargestellt:

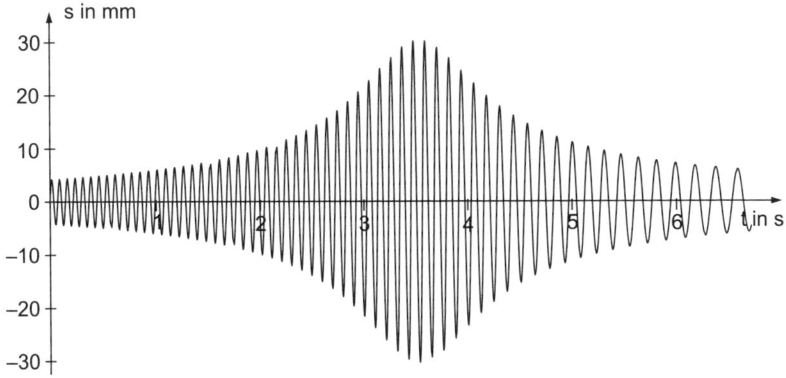


a) Bestimmen Sie aus der Darstellung ungefähr die Werte der Schwingungsfrequenz für die Zeiten $t_1 = 0{,}5$ s, $t_2 = 3{,}5$ s und $t_3 = 5$ s. Erklären Sie das Verhalten der Frequenz im Zusammenhang mit der Funktionsweise des Prüfgeräts. 7

b) Charakterisieren Sie den Verlauf der Schwingungsamplitude mit der Zeit in Worten. Erklären Sie das Verhalten im Sachzusammenhang. Berücksichtigen Sie dabei Ihre Erkenntnisse aus Teilaufgabe a. 4

c) Schätzen Sie mit einer geeigneten Rechnung diejenige Frequenz ab, mit der die unbeladene Karosserie eines Mittelklasse-Pkw nach einer kurzzeitigen Anregung auf und ab schwingt. Nehmen Sie dazu an, dass die Stauchung der an den einzelnen Rädern angebrachten Federn bei der Zuladung von 300 kg 3 cm beträgt. 7

d) Zeigen Sie mithilfe der Ergebnisse vorangegangener Teilaufgaben, dass in dem dargestellten Zeitintervall vertikale Bewegungen der unbeladenen Karosserie nur geringfügig angeregt werden. 3

e) Der Teststand kann auch dazu eingesetzt werden, die sogenannte Bodenhaftung der Räder zu bestimmen. Hierzu werden die Platten P, auf denen das Fahrzeug gelagert ist, mit Sensoren ausgerüstet, die zu jeder Zeit während der Schwingung die Kraft messen, die die Räder auf die Platten ausüben. Ruht das Fahrzeug, wird die Kraft durch die Gewichtskraft des Fahrzeugs (Leergewicht plus 300 kg Zuladung) bestimmt. Schwingt dagegen ein Rad auf und ab, wird die Kraft zusätzlich durch die elastische Kraft der Feder (F) beeinflusst.

Als relative Bodenhaftung B wird das Verhältnis

$$B = \frac{\text{minimale Auflagekraft im Fahrbetrieb}}{\text{Auflagekraft im Stand}}$$

definiert. Bodenhaftungen < 40 % gelten als Sicherheitsrisiko. Schätzen Sie mithilfe der Schwingungsdaten aus dem Diagramm oben die relative Bodenhaftung für das hier getestete Rad ab. 7

f) Erklären Sie physikalisch, in welcher Weise die Qualität der Stoßdämpfer die Bodenhaftung beeinflusst. 3

## Hinweise und Tipps

**1** a) • In welche Richtung bewegt sich der Körper in den verschiedenen Situationen?
• Nimmt seine Geschwindigkeit jeweils zu oder ab?

c) • Bestimmen Sie zuerst die Periodendauer der Schwingung.
• Der Betrag der Auslenkung ist in (3) und (5) gleich groß.

d) Betrachten Sie die Dehnung der Feder in der Ruhelage $s=0$.

e) • Betrachten Sie die Lage des schwingenden Körpers zur Zeit $t=0$.
• Die Geschwindigkeit ist die erste Ableitung des Weges nach der Zeit.

f) • Es liegt eine erzwungene Schwingung vor.
• Vergleichen Sie die Frequenz der Anregung mit der Frequenz aus Teilaufgabe c.

g) Es liegt eine gedämpfte Schwingung vor.

**2** a) • Zählen Sie die Maxima in geeigneten Zeitintervallen ab.
• Die Exzenterscheibe wird während der Aufzeichnung der Schwingung nicht mehr angetrieben.

b) Es tritt eine Resonanz auf. Wie ist die Frequenzabhängigkeit der Amplitude bei erzwungenen Schwingungen?

c) • Bestimmen Sie zuerst die Federhärte der Federn des Stoßdämpfers.
• Berechnen Sie die Eigenfrequenz des Systems Karosserie–Federung.

d) Vergleichen Sie die Eigenfrequenz mit den Frequenzen, die bei der Messung angeregt werden.

e) • Was ist die physikalische Ursache für eine mögliche Verringerung der Auflagekraft bei einer schwingenden Radaufhängung?
• Bei welcher Frequenz erwarten Sie die größte Abweichung von der Auflagekraft des ruhenden Fahrzeugs?
• Es ist mit der Federhärte einer einzelnen Feder zu rechnen, die aus dem Wert für die gesamte (aus 4 Federn bestehende) Federung leicht bestimmt werden kann.

f) Funktionierende Stoßdämpfer reduzieren die maximale Schwingungsamplitude im Resonanzfall.

## Lösung

**1** a) 4 Minuten,

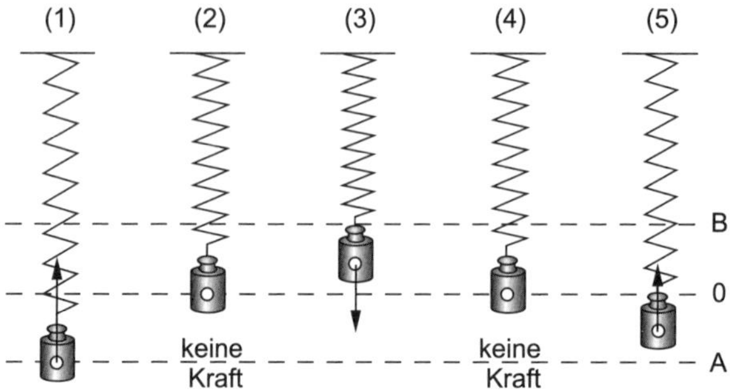

5

Hinweise zur Zeichnung:

- Die beschleunigte Kraft wirkt immer in Richtung Ruhelage.
- Ihr Betrag nimmt mit der Entfernung von der Ruhelage zu. In der Ruhelage ist die Kraft gleich null.

b) 2 Minuten,

Die auf den schwingenden Körper wirkende beschleunigende Kraft ist die resultierende Kraft aus der Gewichtskraft des Körpers und der elastischen Kraft der Feder. 2

c) 6 Minuten,

Wenn die Schwingung mit maximaler Auslenkung startet, dann ist die zugehörige Zeit beim ersten Nulldurchgang $\frac{1}{4}T$ und beim zweiten $\frac{3}{4}T$ mit T = Periodendauer.

$$t_4 = \frac{3}{4}T = 0{,}315\ \text{s}$$

$$T = \frac{4}{3} \cdot 0{,}315\ \text{s} = 0{,}420\ \text{s}$$
2

Für die Frequenz gilt:

$$f = \frac{1}{T} = \frac{1}{0{,}420\ \text{s}} \approx 2{,}38\ \text{Hz}$$
1

Für die gesuchte Zeit $t_2$ gilt:

$$t_2 = \frac{1}{4}T = \frac{1}{4} \cdot 0{,}420\ \text{s} = 0{,}105\ \text{s}$$
1

Für $t_3$ und $t_5$ liest man bezüglich der Ruhelage symmetrische Auslenkungen ab. Daher halbiert $t_4$ das Intervall $t_3 < t < t_5$:

$$t_4 = \frac{t_3 + t_5}{2}$$

$$t_5 = 2t_4 - t_3 = 2 \cdot 0{,}315\ \text{s} - 0{,}28\ \text{s} = 0{,}35\ \text{s}$$ 2

d) 5 Minuten,

Länge der Feder in der Ruhelage, z. B. bei $t_2$: 1,8 cm
Länge der ungedehnten Feder: 1,2 cm
Gemessene Auslenkung: $\Delta x = (1{,}8\ \text{cm} - 1{,}2\ \text{cm}) = 0{,}6\ \text{cm}$
Unter Berücksichtigung des Abbildungsmaßstabs (5 cm in Wirklichkeit $\hat{=}$ 0,7 cm in der Zeichnung) entspricht die Auslenkung der Feder $\Delta x = 4{,}3\ \text{cm}$ in der Wirklichkeit. 2

Dehnende Kraft:

$$F = F_G = m \cdot g$$

$$= 0{,}1\ \text{kg} \cdot 9{,}81\ \frac{\text{m}}{\text{s}^2} \approx 0{,}98\ \text{N}$$ 2

Federkonstante:

$$D = \frac{F}{\Delta x} \approx \frac{0{,}98\ \text{N}}{0{,}043\ \text{m}} \approx 22{,}8\ \frac{\text{N}}{\text{m}}$$ 1

e) 10 Minuten,

Bei $t = 0$ wird die maximale (negative) Auslenkung erreicht. Daher eignet sich als Ansatz ein Kosinus-Term:

$$s(t) = -s_0 \cdot \cos(\omega \cdot t)$$ 2

Die Werte der Amplitude $s_0 = 5$ cm und der Kreisfrequenz $\omega = \frac{2\pi}{T} = \frac{2\pi}{0{,}42\ \text{s}} \approx 14{,}96\ \text{s}^{-1}$ werden errechnet. Es ist:

$$s(t) = -5\ \text{cm} \cdot \cos(14{,}96\ \text{s}^{-1} \cdot t)$$ 2

Auslenkung zur Zeit $t = 10$ s:

$$s(10\ \text{s}) \approx -5\ \text{cm} \cdot \cos(14{,}96\ \text{s}^{-1} \cdot 10\ \text{s}) \approx -1{,}8\ \text{cm}$$ 2

Die Geschwindigkeit erhält man durch Ableiten der Ortsfunktion:

$$v(t) = \dot{s}(t) \approx 5\ \text{cm} \cdot 14{,}96\ \text{s}^{-1} \cdot \sin(14{,}96\ \text{s}^{-1} \cdot t)$$ 2

$$v(10\ \text{s}) \approx 5\ \text{cm} \cdot 14{,}96\ \text{s}^{-1} \cdot \sin(149{,}6) \approx -69{,}6\ \frac{\text{cm}}{\text{s}} = -0{,}696\ \frac{\text{m}}{\text{s}}$$ 1

Die berechnete Auslenkung bzw. Geschwindigkeit werden aufgrund der Dämpfung z. B. durch den Luftwiderstand nicht ganz erreicht. 1

f) 3 Minuten,
Die periodische Anregung resultiert in einer erzwungenen Schwingung, die nach einer bestimmten Einschwingzeit mit der Anregungsfrequenz von 10 Hz anstatt mit der Eigenfrequenz von 2,4 Hz abläuft. 2
Die Amplitude wird im Vergleich zum Startwert einen viel kleineren, aber wieder zeitlich konstanten Wert annehmen. 1

g) 9 Minuten, /
Aufgrund der im Wasser wirkenden Reibungskräfte führt der Körper eine gedämpfte Schwingung aus, d. h., die Amplitude nimmt mit der Zeit ab. 2

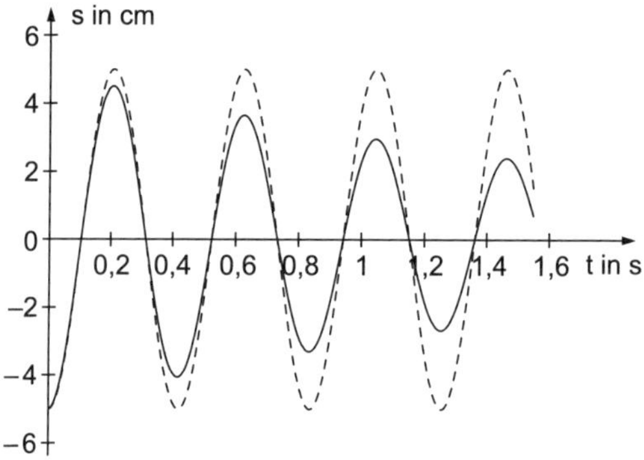


6

Hinweise zur Zeichnung:
- Die Amplitude der gedämpften Schwingung nimmt ab.
- Die Periode der beiden Schwingungen ist gleich.

**2** a) 7 Minuten,
Abzählen der Maxima oder der Nulldurchgänge im Zeitintervall $0\ s \leq t \leq 1\ s$ liefert etwa 13 Perioden pro Sekunde, also als Näherungswert bei 0,5 s von $f(0{,}5\ s) \approx 13$ Hz. 2
Verfährt man ähnlich in den Intervallen $3\ s \leq t \leq 4\ s$ und $4{,}5\ s \leq t \leq 5{,}5\ s$, erhält man die Zuordnung:

| t in s | 0,5 | 3,5 | 5,0 |
|---|---|---|---|
| f in Hz | 13 | 9 | 7 |

3

Die Abnahme der Frequenz mit der Zeit erklärt sich durch die kontinuierliche Abnahme der Drehgeschwindigkeit der nicht mehr angetriebenen Exzenterscheibe durch die Wirkung der Reibungskräfte (z. B. in der Lagerung der Scheibe). 2

b) 4 Minuten, / 
Die Schwingungsamplitude nimmt im Zeitintervall $0\ s < t < 3{,}5\ s$ kontinuierlich zu, erreicht bei $t \approx 3{,}5\ s$ ein Maximum und fällt dann wieder kontinuierlich bis zum Ende des Messintervalls. 2
Das Amplitudenmaximum zeigt ein Resonanzverhalten des schwingenden Systems an. 2

c) 7 Minuten, / 
Die Federstauchung kann wie die Auslenkung der Feder durch eine proportionale Beziehung zwischen Längenänderung und Kraft (hookesches Gesetz) mit einem Proportionalitätsfaktor D beschrieben werden.

Wenn man eine Zuladung mit 4 Personen mit insgesamt $m = 300\ kg$ annimmt, dann senkt sich die Karosserie dadurch um beispielsweise $\Delta x \approx 3\ cm$ ab.
Mit diesen Annahmen kann man die Federhärte der gesamten Federung berechnen:

$$D = \frac{F_G}{\Delta x}$$

$$\approx \frac{300\ kg \cdot 9{,}81\ \frac{m}{s^2}}{0{,}03\ m} = 98\,100\ \frac{N}{m}$$ 2

Masse einer Pkw-Karosserie: $m \approx 1\,000\ kg$ (Schätzung) 1

Eigenfrequenz des Systems Karosserie–Federung:

$$\omega_0 = \sqrt{\frac{D}{m}}$$

$$\approx \sqrt{\frac{98\,100\ \frac{N}{m}}{1\,000\ kg}} = 9{,}9\ s^{-1}$$ 3

$$f_0 \approx \frac{9{,}9\ s^{-1}}{2\pi} \approx 1{,}6\ Hz$$ 1

Die Fahrzeugkarosserie wird mit einer Eigenfrequenz von etwa 1,6 Hz schwingen.

d) 3 Minuten,

Die minimale Schwingungsfrequenz (am Ende des Messintervalls) liegt oberhalb von 5 Hz (vergleiche Teilaufgabe a). 1

Damit wird die Eigenfrequenz des Systems Karosserie–Federung von ca. 1,6 Hz (siehe Teilaufgabe c) im gesamten Messintervall deutlich überschritten, sodass man nur mit einem geringen Anschwingen der Karosserie rechnen muss. Dies ist wünschenswert, um Beschädigungen des Fahrzeugs auszuschließen. 2

e) 7 Minuten,

Die minimale Auflagekraft $F_{min}$ wird gemessen, wenn die Feder maximal gedehnt ist, da in dieser Situation auf das Rad eine nach oben gerichtete Zugkraft ausgeübt wird. 2

Die maximale Dehnung ist gleich der Amplitude bei der Eigenfrequenz des Rads, also $\Delta x_{max} \approx 30$ mm, wie man aus der Abbildung in der Aufgabenstellung ablesen kann. Die Gewichtskraft des Autos verteilt sich dabei auf 4 Räder und gleichzeitig sind 4 Radaufhängungen zu berücksichtigen:

$$F_{min} = \frac{1}{4} F_G - \frac{1}{4} D \cdot \Delta x_{max}$$

$$= \frac{1}{4} \cdot (1\,000\text{ kg} + 300\text{ kg}) \cdot 9{,}81\,\frac{\text{N}}{\text{kg}} - \frac{1}{4} \cdot 98\,100\,\frac{\text{N}}{\text{m}} \cdot 0{,}03\text{ m}$$

$$\approx 2\,500\text{ N}$$ 3

Relative Bodenhaftung:

$$B = \frac{F_{min}}{\frac{1}{4} F_G} \approx \frac{2\,500\text{ N}}{3\,200\text{ N}} \approx 0{,}8$$ 2

Die am Rad gemessene relative Bodenhaftung beträgt etwa 80 %.

f) 3 Minuten,

Funktionierende Stoßdämpfer reduzieren die maximale Schwingungsamplitude und damit die im Fahrbetrieb maximal mögliche Dehnung der Federn. Dadurch nimmt die minimale Auflagekraft zu und mit dieser auch die Bodenhaftung. 3

# Klausur 8

BE

**1** Zwei identische Drahtspulen werden nebeneinander aufgestellt und mit einer Elektrizitätsquelle, einem Schalter und zwei Messgeräten beschaltet, wie es im Bild dargestellt ist.

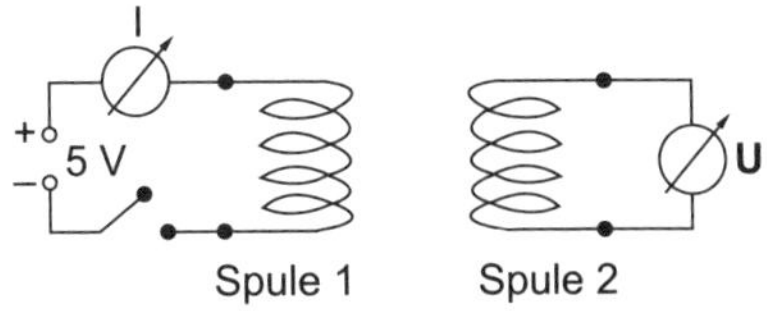


Spulendaten:

| | |
|---|---|
| Durchmesser: | 5 cm |
| Windungszahl: | 500 |
| Draht: | Kupfer; 0,2 mm dick |
| Induktivität: | 40 mH |

a) Der Schalter im linken Stromkreis wird geschlossen und nach einiger Zeit wieder geöffnet. Beschreiben Sie das Verhalten der beiden Messgeräte. 4

b) Erklären Sie das Verhalten des Spannungsmessgeräts beim Ein- und Ausschalten mithilfe aus dem Unterricht bekannter physikalischer Prinzipien oder Gesetze. 7

c) Die an Spule 1 angelegte Gleichspannung wird durch eine sinusförmige Wechselspannung ersetzt. Bestimmen Sie einen Funktionsterm, der das Zeitverhalten der von den Messgeräten registrierten Stromstärke bzw. Spannung richtig beschreibt. Vernachlässigen Sie ohmsche Widerstände in beiden Stromkreisen. 13

d) Im Diagramm ist der Zeitverlauf einer an Spule 1 angelegten Wechselspannung dargestellt. Stellen Sie im Diagramm auch qualitativ die Zeitverläufe der Stromstärke im linken Stromkreis sowie der in dem von Spule 1 erzeugten Magnetfeld gespeicherten Energie dar. Markieren Sie alle Zeitabschnitte, in denen elektrische Energie aus dem Stromkreis links auf das Magnetfeld übertragen wird. Erklären Sie, woran man die Energieübertragung im Diagramm erkennt. 8

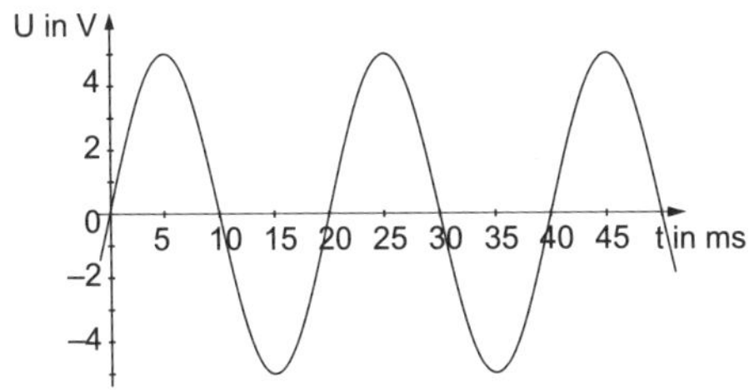

e) Zwischen die Anschlüsse von Spule 2 wird ein Kondensator geschaltet. Geben Sie unter Bezug auf das Diagramm einen Zeitabschnitt an, während dessen elektrische Energie auf den Kondensator übertragen und dort gespeichert wird. Beschreiben Sie die Wirkungen des Kondensators auf den Primärstromkreis links und begründen Sie diese mit dem Induktionsgesetz. 8

**2** In der Zeichnung sind die Ladestation (weiß) sowie das vereinfachte Schaltbild einer elektrischen Zahnbürste dargestellt. Ladestation und Zahnbürste sind so gebaut, dass der zum Antrieb erforderliche Akku ohne elektrischen Kontakt zwischen beiden Geräten geladen werden kann. Dazu ist Spule 1 als Teil der Ladestation mit einer zylindrischen Kunststoffwand ummantelt. Die Diode sorgt dafür, dass Strom im Ladekreis nur in den Zeitabschnitten fließen kann, in denen die zum Beladen des Akkus richtige Stromrichtung vorliegt.
Im Folgenden wird nur der Ladevorgang betrachtet, das heißt, der Motorschalter bleibt immer geöffnet.

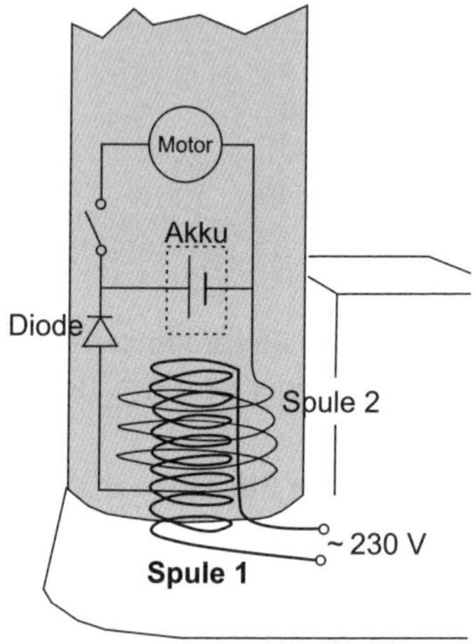


a) Warum ist es wichtig, dass der Aufladevorgang anders als z. B. bei Kameras oder Heimwerkergeräten ohne elektrischen Kontakt ablaufen kann? 3

b) Warum wird in die Zahnbürste die Spule 2 mit im Vergleich zur Spule 1 im Ladegerät geringerer Windungszahl eingebaut? 3

c) Warum sitzt die Spule des Ladegeräts in der Ladestellung im Inneren der zur Zahnbürste gehörenden Spule 2 und nicht darunter oder daneben? Vergleichen Sie dazu die Anordnung Ladestation – Zahnbürste mit der Spulenanordnung aus Aufgabe 1. 2

d) Der Akku liefert im geladenen Zustand eine Gleichspannung von 2,4 V und seine Ladekapazität beträgt 0,6 Ah. Welche Energiemenge muss während eines Aufladevorgangs ungefähr durch den Luftspalt zwischen Ladestation und Zahnbürste übertragen werden, wenn der Akku zu Beginn leer ist? 3

e) Die Spule des Ladegeräts besitzt einen Durchmesser von 0,7 cm, ist 1 cm hoch und erzeugt beim Betrieb mit einer Hochfrequenz-Wechselspannung von 35 kHz eine maximale Flussdichte von 5 mT. Wie oft muss ihr Magnetfeld in einem vollständigen Ladeprozess auf- und abgebaut werden? Wie lange dauert der Ladeprozess? 9

f) Max meint, durch die hohe Frequenz der Ladespannung würde der Ladeprozess im Vergleich zum Betrieb bei normaler Netzfrequenz viel schneller ablaufen. Was meinen Sie? Argumentieren Sie mit Erkenntnissen, die Sie beim Lösen vorangegangener Teilaufgaben gewonnen haben. 5

g) Ist die Zahnbürste auf die Ladestation aufgesteckt, fühlt sich die Station im Vergleich zur Situation ohne Zahnbürste (Leerlauf) warm an. Geben Sie für diese Beobachtung eine physikalische Erklärung an. 5

## Hinweise und Tipps

**1** a) Denken Sie an das Magnetfeld der Spule 1.

b) Betrachten Sie die zeitliche Veränderung des magnetischen Feldes.

c) • Formulieren Sie die Bilanz der Teilspannungen im (Primär-)Stromkreis links in Form einer Gleichung. Wenden Sie hierzu die kirchhoffsche Maschenregel an und drücken Sie die Spule 1 zugeordnete Spannung mithilfe der Stromstärke aus.
• Bestimmen Sie die Stromstärke als Funktion der Zeit durch Integration.
• Bestimmen Sie den Term für die Spannung mithilfe des Induktionsgesetzes oder mithilfe der Transformatorformel.

d) Beachten Sie die Phasenverschiebung zwischen Spannung und Stromstärke in einem Stromkreis mit Spule.

e) • Die im Kondensator gespeicherte Energie muss dem magnetischen Feld entnommen werden.
• Nach dem Einbau des Kondensators kann durch Spule 2 ein messbarer Strom fließen (belasteter Transformator).
• Wenden Sie die lenzsche Regel an.

**2** a) Denken Sie an die Umgebung, in der das Gerät betrieben wird.

b) Welche Spannungswerte liefern gewöhnliche Batteriezellen?

c) Skizzieren Sie zu der Anordnung aus Aufgabe 1 die magnetischen Feldlinien. Warum sind diese für den Ladevorgang ungünstig?

d) Nehmen Sie an, dass die vom Akkumulator gelieferte Spannung nicht von seinem Ladezustand abhängt.

e) • Gehen Sie von der Näherung einer langen Spule aus und berechnen Sie aus den Angaben die von der Spule erzeugte magnetische Energie.
• Orientieren Sie sich bei der Bestimmung der Zeit an Ihrer Lösung zu Teilaufgabe 1 d (Diagramm).

f) Betrachten Sie den Einfluss der erhöhten Frequenz auf die Stromstärke in Spule 1.

g) Vergleichen Sie die (Rück-)Wirkung der aufgesetzten Zahnbürste mit dem Einfluss des Kondensators in Teilaufgabe 1 e.
Berücksichtigen Sie die bisher vernachlässigten ohmschen Widerstände.

## Lösung

**1** a) 5 Minuten,

Der Zeiger des Stromstärkemessgeräts schlägt beim Einschalten bis zu einem Maximalwert aus und verbleibt dort bei geschlossenem Schalter. 1

Der Zeiger des Spannungsmessgeräts schlägt beim Einschalten kurzzeitig aus und bewegt sich bei geschlossenem Schalter in die Nullstellung zurück (Spannungsstoß). 1

Beim Ausschalten bewegt sich der Zeiger des Stromstärkemessgeräts in die Nullstellung zurück. 1

Der Zeiger des Spannungsmessgeräts schlägt beim Ausschalten kurzzeitig in die gegenüber der Situation beim Einschalten entgegengesetzte Richtung aus und bewegt sich dann in die Nullstellung zurück. 1

b) 6 Minuten,

Beim Ein- und Ausschalten wird in Spule 1 und in deren Umgebung ein magnetisches Feld auf- bzw. abgebaut. 1

Dieses Feld durchsetzt auch Spule 2. Nach dem Induktionsgesetz erzeugt die zeitliche Veränderung des Feldes in beiden Spulen eine elektrische Spannung, die proportional zur zeitlichen Änderungsrate der Stärke des magnetischen Feldes ist. 2

Beim Einschalten ist die Änderungsrate größer als null, beim Ausschalten kleiner, sodass die jeweils induzierten Spannungen entgegengesetzte Vorzeichen besitzen und zu entgegengesetzten Zeigerausschlägen führen. 2

Ist der Schalter längere Zeit geschlossen, besteht ein zeitlich konstantes Magnetfeld, sodass keine Spannung induziert wird. 2

c) 15 Minuten,

Zeitverlauf der äußeren Wechselspannung:

$U_0(t) = u_0 \cdot \sin(\omega \cdot t)$,

mit $u_0$ = Scheitelwert und $\omega$ = Kreisfrequenz 2

Bilanz der Spannungen in Kreis 1, wenn $U_{i1}$ die in Spule 1 induzierte Spannung ist und L die Induktivität von Spule 1:

$$0 = U_0(t) + U_{i1}$$

$$0 = U_0(t) - L \cdot \dot{I}$$

$$\dot{I} = \frac{dI}{dt} = \frac{U_0(t)}{L} = \frac{u_0}{L} \cdot \sin(\omega \cdot t) \qquad (*)$$ 3

Zur Bestimmung der zeitabhängigen Stromstärke I(t) muss die rechte Seite von Gleichung (∗) integriert werden:

$$I(t) = -\frac{u_0}{L \cdot \omega} \cdot \cos(\omega \cdot t) + C$$ 1

Da $I = 0$ gelten muss, wenn $u_0 = 0$ ist, muss die Integrationskonstante C verschwinden. Also lautet der gesuchte Term für die Stromstärke in Kreis 1:

$$I(t) = -\frac{u_0}{L \cdot \omega} \cdot \cos(\omega \cdot t)$$ 1

Zeitverlauf der Spannungen nach dem Induktionsgesetz:

$$U_{i1}(t) = -n_1 \cdot \dot{\Phi}_1$$

$$U_{i2}(t) = -n_2 \cdot \dot{\Phi}_2$$ 2

Der magnetische Fluss $\Phi_2$ durch Spule 2 wird von Spule 1 erzeugt und ist daher zum Fluss $\Phi_1$ proportional, es gilt:

$$\Phi_2 = k \cdot \Phi_1,$$ 1

mit $k$ = konstanter Kopplungsfaktor.

Durch Differenzieren erhält man:

$$\dot{\Phi}_2 = k \cdot \dot{\Phi}_1$$ 1

$$U_{i2}(t) = -n_2 \cdot k \cdot \dot{\Phi}_1 \overset{(n_1 = n_2)}{=} k \cdot (-n_1 \cdot \dot{\Phi}_1) = k \cdot U_{i1}(t)$$

$$= k \cdot u_0 \cdot \sin(\omega \cdot t)$$ 2

d) 10 Minuten, / 

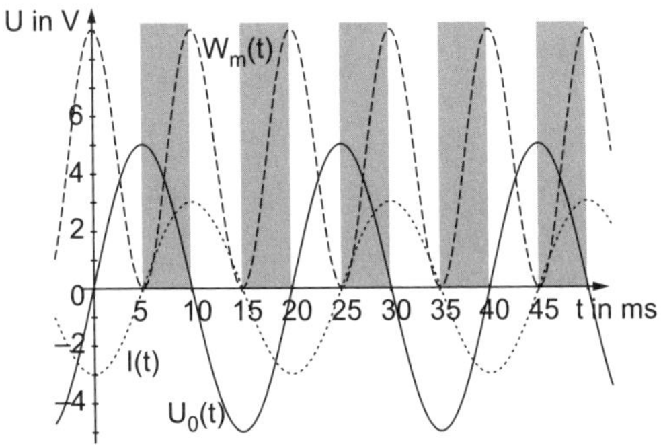


6

Hinweise zur Zeichnung:

- I(t) verändert sich mit derselben Frequenz wie $U_0(t)$.
- I(t) eilt $U_0(t)$ um eine Viertelperiode hinterher.
- Die magnetische Energie $W_m(t)$ ist zu jeder Zeit proportional zu $I^2$, ihre Periodendauer ist daher halb so lang wie die von I(t).

Energie wird übertragen, wenn das Magnetfeld in Spule 1 aufgebaut wird, das auch Spule 2 durchsetzt. Die zugehörigen grau markierten Zeitabschnitte sind durch einen zeitlichen Anstieg von $W_m(t)$ gekennzeichnet. 2

e) 10 Minuten, 

Die beim Laden des Kondensators auf diesen übertragene Energie muss dem magnetischen Feld entnommen werden. Daher sind die gesuchten Zeitabschnitte solche, in denen die magnetische Energie $W_m(t)$ abnimmt. Dies ist z. B. im Zeitintervall $10\text{ ms} < t < 15\text{ ms}$ der Fall. 2

Durch den Einbau des Kondensators ist Spule 2 Teil eines geschlossenen Stromkreises, in dem im Unterschied zur Ausgangssituation ein messbarer Strom fließt. Dieser Wechselstrom induziert nach der lenzschen Regel in Spule 2 ein magnetisches Feld, das dem von Spule 1 ausgehenden Feld entgegengerichtet ist. 2

Aufgrund der Kopplung der beiden Spulen würden hierdurch der magnetische Fluss $\Phi_1$ in Spule 1 und damit auch dessen zeitliche Änderungsrate absinken. Jedoch erzwingt die Elektrizitätsquelle zeitlich unveränderliche Scheitelwerte von $\Phi_1$ und $\Phi_2$, was nur möglich ist, wenn der von Spule 1 erzeugte Teil des magnetischen Flusses zunimmt. 2

Hierzu muss die Stromstärke im Primärkreis links bei unveränderter Spannung zunehmen, d. h., das Messgerät dort zeigt beim Betrieb der Anordnung mit Kondensator eine höhere Stromstärke an. 2

**2** a) 3 Minuten,

Die Ladestation wird in der Regel in einer feuchten Umgebung (Bad) betrieben. 1

Besäße sie elektrische Kontakte, könnten diese durch einen Wasserfilm an der Unterseite der Zahnbürste kurzgeschlossen werden. 1

Hierdurch könnte z. B. das Ladegerät zerstört werden. Es könnte beim Aufsetzen der Bürste auf das Gerät auch zu einer durch Feuchtigkeit vermittelten gut leitenden Verbindung zwischen einem Kontakt und der menschlichen Haut kommen. 1

b) 3 Minuten,

Die Spulenanordnung beim Laden funktioniert nach dem Prinzip eines Transformators: 1

Durch die viel geringere Windungszahl von Spule 2 wird die beim Laden am Akku anliegende Spannung gegenüber der Spannung am Eingang der Ladestation (230 V) auf einen Wert von einigen Volt reduziert. 2

c) 3 Minuten, /

Durch die besondere Anordnung wird die magnetische Kopplung zwischen den beiden Spulen im Vergleich zur Anordnung aus Aufgabe 1 verbessert, da hier alle Feldlinien, die Spule 1 durchlaufen, auch das Innere von Spule 2 füllen. 1

Dies führt dazu, dass bei der Energieübertragung zwischen den beiden Spulen wenig Energie ohne Nutzen in den Raum außerhalb von Spule 2 fließt. 1

d) 4 Minuten,

Ladekapazität 0,6 Ah = im vollen Zustand in den Zellen des Akkumulators gespeicherte Ladung Q

Im Akku gespeicherte elektrische Energie:

$$W_{el} = Q \cdot U$$
$$\approx 0{,}6\ \mathrm{A} \cdot 3\,600\ \mathrm{s} \cdot 2{,}4\ \mathrm{V} = 5\,184\ \mathrm{J} \approx 5{,}2\ \mathrm{kJ}$$ 2

Durch den Luftspalt muss eine Energiemenge von ca. 5,2 kJ übertragen werden. 1

e) 12 Minuten,

Maximale magnetische Energie:

$$W_{mag} \approx \frac{B^2 \cdot V}{2 \cdot \mu_0} \quad \text{Näherung einer langen Spule}$$

$$\approx \frac{\left(5 \cdot 10^{-3} \frac{V \cdot s}{m^2}\right)^2 \cdot \pi \cdot (0{,}35 \cdot 10^{-2}\ m)^2 \cdot 10^{-2}\ m}{2 \cdot 1{,}26 \cdot 10^{-6} \frac{V \cdot s}{A \cdot m}}$$

$$\approx 3{,}82 \cdot 10^{-6}\ Ws$$ 2

Ohne Berücksichtigung der Wirkung der Diode gilt damit für die Anzahl der Feldauf- und -abbauzyklen:

$$N = \frac{W_{el}}{W_{mag}}$$ 2

$$= \frac{5\,200\ Ws}{3{,}8 \cdot 10^{-6}\ Ws} \approx 1{,}4 \cdot 10^9$$

Die Diode lässt jedoch in der dargestellten Schaltung nur in jedem zweiten Zyklus einen Strom im Sekundärkreis zu, nämlich wenn der Strom dort in Durchlassrichtung fließt. Daher müssen zum vollständigen Beladen des Akkumulators doppelt so viele Zyklen durchlaufen werden, also etwa $2{,}8 \cdot 10^9$. 2

Da innerhalb jeder Periode T der Wechselspannung zwei Zyklen durchlaufen werden, ist die insgesamt benötigte Zeit:

$$t = (2 \cdot N) \cdot \frac{T}{2}$$

$$= \frac{N}{f} \approx \frac{1{,}4 \cdot 10^9}{35 \cdot 10^3\ s^{-1}} = 40\,000\ s \approx 11\ h$$ 3

f) 5 Minuten,

Nach dem Lösen von Teilaufgabe 2e könnte man meinen, dass bei einer höheren Frequenz der Ladespannung die hohe Anzahl von Zyklen, in denen das magnetische Feld auf- und abgebaut werden muss, in kürzerer Zeit durchlaufen wird. Nach den Ergebnissen von Teilaufgabe 1d nimmt jedoch der Scheitelwert der Stromstärke in Spule 1 umgekehrt proportional zu f (zu ω) ab und für die magnetische Energie gilt:

$$W_{mag} = \frac{1}{2} \cdot L \cdot I^2 \sim I^2 \sim \frac{1}{f^2},$$

sodass $W_{mag}$ bei einer Frequenzerhöhung stärker abnimmt, als die Anzahl der Zyklen pro Zeit zunimmt. Damit verlängert sich die Ladezeit sogar und man kann Max nicht zustimmen. 5

g) 4 Minuten, /
Ähnlich wie in der Situation aus Teilaufgabe 1 e wirkt sich hier nach der lenzschen Regel der Ladestrom im (Sekundär-)Stromkreis, der Spule 2 und den Akku enthält, schwächend auf das Magnetfeld aus. Diese Schwächung muss aufgrund der durch das Ladegerät konstant gehaltenen Spannung an Spule 1 durch eine höhere Stromstärke im Stromkreis des Ladegeräts kompensiert werden. 3
Aufgrund des (bisher in Aufgabe 2 nicht betrachteten) ohmschen Widerstands des Spulendrahts erzeugt die erhöhte Stromstärke eine fühlbare (zusätzliche) Wärmewirkung. 2

# Klausur 9

BE

**1** Eine lange, geradlinige Stahlwand mit zwei vertikalen Spalten $S_1$ und $S_2$ im Abstand von 12 m steht sehr weit entfernt von einer Sendestation mit $f = 50$ MHz.

a) Auf der dem Sendemast zugewandten Seite der Wand gibt es, aufgrund von stehenden Wellen, Bereiche mit sehr schwachem Empfangssignal. Beschreiben Sie die Anordnung und erläutern Sie die gewählte Sende- bzw. Wandrichtung. Wo ist der Empfang besonders gut bzw. schlecht? 6

b) Auf der dem Sender gegenüberliegenden Seite der Wand gibt es ebenfalls Bereiche mit unterschiedlicher Empfangsqualität. Begründen Sie dies qualitativ, beschreiben Sie, wo die Bereiche maximaler bzw. minimaler Signalstärke liegen, und geben Sie die Größen an, mit deren Hilfe Sie diese rechnerisch ermitteln könnten (Ausführung nicht notwendig). 6

c) Berechnen Sie die Länge $\ell$ eines optimalen Empfangsdipols. (Zwischenergebnis: $\ell = 3$ m) 3

Der Empfangsdipol wird jetzt ausschließlich von einem anderen Sender in der zweiten Oberschwingung angeregt.

d) Berechnen Sie die Grundfrequenz dieses Senders. 4

e) Skizzieren Sie die Momentaufnahmen der Ladungsverteilung entlang eines solchen Empfangsdipols in den Augenblicken maximaler Ladungstrennung für die Grundschwingung sowie die 1. und 2. Oberschwingung. 5

**2** Senkrecht auf ein optisches Gitter mit Gitterlinienabstand 0,01 mm fällt weißes Licht, dessen Spektrum von 400 nm bis 720 nm reicht.

a) Fertigen Sie eine Zeichnung des Versuchsaufbaus an. 5

b) Berechnen Sie den Abstand a des Schirms vom Gitter, wenn das kontinuierliche Spektrum erster Ordnung eine Breite von 12 cm besitzt. 6

c) Unter welchen Winkeln kann man für Licht von 550 nm die Hauptmaxima erster und dritter Ordnung beobachten? 5

d) Zeigen Sie, dass die kontinuierlichen Spektren erster und zweiter Ordnung sich auf dem Schirm nicht überlappen, die Spektren zweiter und dritter Ordnung dagegen schon. 8

e) Ein Röntgenspektrum lässt sich mit dieser Anordnung nicht aufnehmen. Begründen Sie diese Aussage und beschreiben Sie qualitativ ein Verfahren, das sich zur Untersuchung eines Röntgenspektrums eignet. 6

**3** a) Beschreiben Sie kurz Huygens' Grundidee zur Erklärung wellenhaften Verhaltens. 4

b) Eine Parallelfront von Wellen trifft in Ausbreitungsrichtung ein Hindernis mit Doppelspalt. Skizzieren Sie das Ausbreitungsverhalten hinter dem Doppelspalt auf der Basis des Prinzips von Huygens. 6

c) Eine Parallelfront von Wellen trifft schräg auf die Grenze zu einem dichteren Medium. Skizzieren Sie das Ausbreitungsverhalten der gebrochenen Welle mithilfe des Prinzips von Huygens. 6

## Hinweise und Tipps

**1** a) • Stehende Wellen entstehen, wenn sich die einfallenden und reflektierten Wellen überlagern.
• Ist in einem sogenannten Knoten der stehenden Welle der Empfang besonders gut oder schlecht?

b) Berücksichtigen Sie die Beugung am Doppelspalt.

c) Die Bedingung für einen optimalen Empfangsdipol ist, dass eine halbe Wellenlänge in den Dipol hineinpasst.

d) Oberschwingungen haben höhere Frequenzen und kürzere Wellenlängen.

e) • Bei maximaler Ladungstrennung sind Ladungen an den Dipolenden konzentriert.
• Zeichnen Sie die vorgegebene Anzahl an Knoten im Dipol symmetrisch ein.

**2** a) Zeichnen Sie Schirm und Gitter parallel.

b) • Verwenden Sie die Grenzwellenlängen des sichtbaren Spektrums.
• Die Farben Blau und Rot liegen an den Grenzen des Spektrums.

c) Der Gangunterschied für das erste Maximum beträgt 1 Wellenlänge, für das dritte Maximum 3 Wellenlängen.

d) Bestimmen Sie die Winkel der Grenzwellenlängen der beiden Spektren.

e) Vergleichen Sie die Wellenlänge von Licht und Röntgenstrahlung.

**3** a) Denken Sie an Elementarwellen und deren Wechselwirkung.

b) • Skizzieren Sie die beiden Spalte und die interferierenden Elementarwellen dahinter. Denken Sie an die Beugung.
• Zeichnen Sie die Interferenzmaxima ein.

c) • Im optisch dichteren Medium breiten sich die Wellen langsamer aus als im ursprünglichen Medium.
• Die Wellenfronten knicken ab, denken Sie dabei an die Brechung.

## Lösung

**1** a) 6 Minuten,

Stehende Wellen entstehen, wenn sich gleiche Wellen senkrecht überlagern, also bei einer senkrechten Reflexion. Die Verbindungslinie von Senderichtung und reflektierender Wand muss mit der Wand einen rechten Winkel einschließen. 3

Im Bereich, in dem stehende Wellen entstehen, schwankt die Empfangsqualität: Im Abstand von jeweils einer halben Wellenlänge wechseln sich beste und schlechteste Empfangsqualität wie die Bäuche und Knoten der stehenden Wellen ab. In den Bäuchen hat man die beste Empfangsqualität. 3

b) 6 Minuten,

Jenseits einer durchgängigen Stahlwand ist überhaupt kein Empfang möglich, da die Wand die Strahlung Richtung Sender reflektiert. Nur wegen der beiden Vertikalspalte, von denen aus sich Elementarwellen „hinter" der Wand ausbreiten können, ist eine Interferenz dieser beiden Signale möglich. 2

Auf der Mittelsenkrechten der Verbindungsstrecke zwischen $S_1$ und $S_2$ erhält man konstruktive Interferenz der beiden Signale. Hier ist der Gangunterschied zwischen den Signalen gleich null. Weitere Interferenzmaxima erhält man unter den Winkeln zur Mittelsenkrechten, bei denen der Gangunterschied zwischen den beiden Signalen ein Vielfaches der Wellenlänge der Signale ist. Dazwischen liegt jeweils ein Bereich minimalen Empfangs, dort ist der Gangunterschied ein ungeradzahliges Vielfaches der halben Wellenlänge. 2

Diese Winkel lassen sich mit dem Spaltabstand c und der Frequenz f berechnen. 2

c) 3 Minuten,

Die Wellenlänge der Dipolstrahlung (in der Grundschwingung) ist gleich der doppelten Dipollänge:

$$\ell = \frac{1}{2}\lambda = \frac{1}{2} \cdot \frac{c}{f}$$

$$\ell = \frac{1}{2} \cdot \frac{3{,}0 \cdot 10^8 \,\frac{\text{m}}{\text{s}}}{50 \cdot 10^6 \,\frac{1}{\text{s}}} = 3\ \text{m}$$ 3

d) 4 Minuten,

Bei der 2. Oberschwingung passen 1,5 Wellenlängen in den Dipol.

$$\ell = \frac{3}{2}\lambda = \frac{3}{2} \cdot \frac{c}{f}$$

$$f = \frac{3}{2} \cdot \frac{c}{\ell}$$

$$= \frac{3}{2} \cdot \frac{3{,}0 \cdot 10^8 \, \frac{m}{s}}{3{,}0 \text{ m}} = 1{,}5 \cdot 10^8 \, \frac{1}{s} = 150 \text{ MHz}$$ 4

e) 5 Minuten,

Maximale Ladungstrennung bei Grundschwingung (1 Knoten):

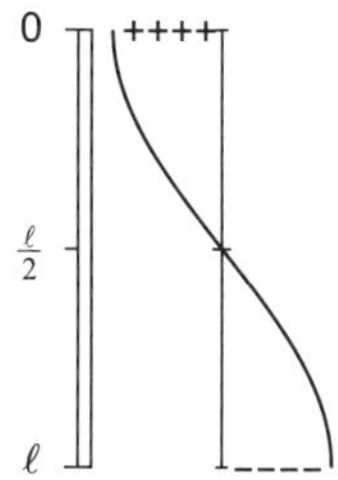

1

Maximale Ladungstrennung bei 1. Oberschwingung (2 Knoten):

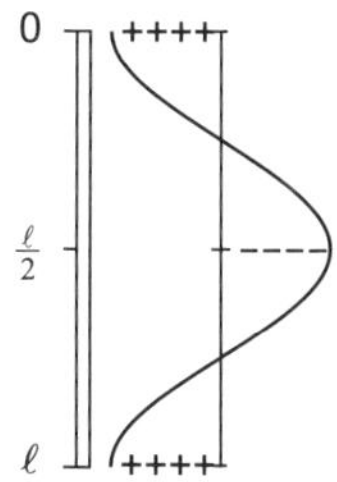

2

Maximale Ladungstrennung bei 2. Oberschwingung (3 Knoten):

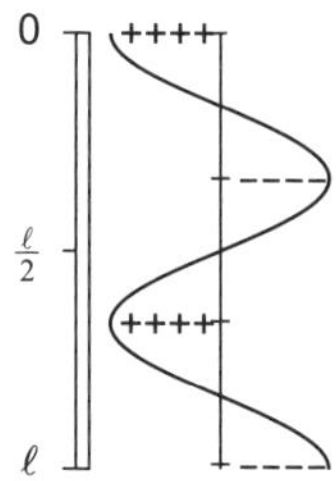

2

Hinweise zur Zeichnung:
- Dipol mit Länge und Beschriftung einzeichnen.
- Einzeichnen der richtigen Schwingung mit einem Bauch an den Enden des Dipols für den Moment der maximalen Ladungstrennung.
- Einzeichnen der Ladungen bei den Schwingungsbäuchen.

**2** a) 6 Minuten,

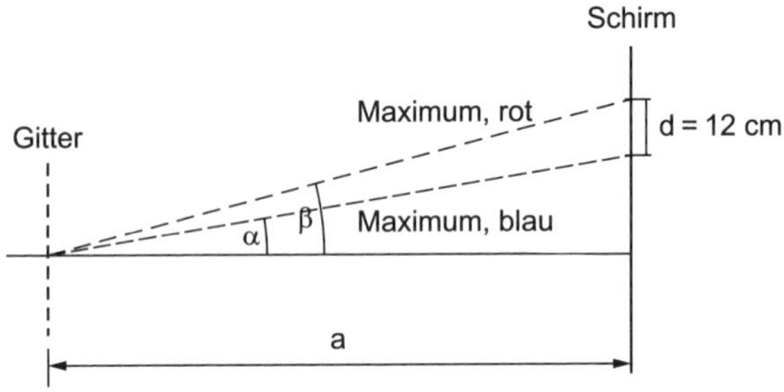


5

Hinweise zur Zeichnung:

- Das weiße Licht fällt von links senkrecht auf das Gitter.
- Hinter dem Gitter (in der Zeichnung rechts davon) treten die gebeugten Lichtstrahlen aus und interferieren.
- Das Interferenzmuster kann man auf dem Schirm sehen.

b) 6 Minuten,

Für den Winkel β, unter dem das erste Maximum des roten Lichts mit der Wellenlänge $\lambda = 720$ nm erscheint, gilt:

$b \cdot \sin\beta = \lambda_{rot}$

$$\sin\beta = \frac{\lambda_{rot}}{b}$$ 1

Dabei ist $b = 0{,}01$ mm die Gitterkonstante. Eingesetzt ergibt sich:

$$\sin\beta = \frac{720 \cdot 10^{-9}\,\text{m}}{1{,}0 \cdot 10^{-5}\,\text{m}} \approx 0{,}072$$ 1

Analog gilt für den Winkel α, unter dem das erste Maximum des blauen Lichts mit der Wellenlänge $\lambda = 400$ nm erscheint:

$$\sin\alpha = \frac{400 \cdot 10^{-9}\,\text{m}}{1{,}0 \cdot 10^{-5}\,\text{m}} \approx 0{,}040$$ 1

Für den Abstand x des blauen Maximums von der Schirmmitte gilt:

$x_b = a \cdot \tan\alpha$

Für den Abstand x des roten Maximums von der Schirmmitte gilt:

$x_r = a \cdot \tan\beta$

Es soll gelten:

$x_r - x_b = 12\,\text{cm}$

Damit errechnet sich für den Abstand a des Schirms vom Doppelspalt:

$x_r - x_b = a \cdot (\tan\beta - \tan\alpha)$

$12\,\text{cm} = a \cdot (\tan\beta - \tan\alpha)$ 2

$a = \dfrac{12\,\text{cm}}{\tan\beta - \tan\alpha}$

$a \approx \dfrac{12\,\text{cm}}{0{,}07 - 0{,}04} = 4{,}0\,\text{m}$ 1

c) 4 Minuten,
Für den Winkel $\varphi_1$, unter dem das erste Maximum des Lichts mit der Wellenlänge $\lambda = 550\,\text{nm}$ erscheint, gilt:

$\sin\varphi_1 = \dfrac{1 \cdot \lambda}{b}$

$\sin\varphi_1 = \dfrac{550 \cdot 10^{-9}\,\text{m}}{1{,}0 \cdot 10^{-5}\,\text{m}} \approx 0{,}055 \quad \Leftrightarrow \quad \varphi_1 \approx 3{,}15°$ 2

Für den Winkel $\varphi_3$, unter dem das dritte Maximum erscheint, gilt:

$\sin\varphi_3 = \dfrac{3 \cdot \lambda}{b}$

$\sin\varphi_3 = \dfrac{1\,650 \cdot 10^{-9}\,\text{m}}{1{,}0 \cdot 10^{-5}\,\text{m}} \approx 0{,}17 \quad \Leftrightarrow \quad \varphi_3 \approx 9{,}80°$ 3

d) 6 Minuten,
Winkelgrenzen des Spektrums 1. Ordnung:

$\sin\beta_1 = \dfrac{1 \cdot \lambda_{rot}}{b}$

$\sin\beta_1 = \dfrac{720 \cdot 10^{-9}\,\text{m}}{1{,}0 \cdot 10^{-5}\,\text{m}} \approx 0{,}072 \quad \Leftrightarrow \quad \beta_1 \approx 4{,}13°$ 1

$\sin\alpha_1 = \dfrac{1 \cdot \lambda_{blau}}{b}$

$\sin\alpha_1 = \dfrac{400 \cdot 10^{-9}\,\text{m}}{1{,}0 \cdot 10^{-5}\,\text{m}} \approx 0{,}040 \quad \Leftrightarrow \quad \alpha_1 \approx 2{,}29°$ 1

Winkelgrenzen des Spektrums 2. Ordnung:

$b \cdot \sin\beta_2 = 2 \cdot \lambda_{rot}$

$\beta_2 \approx 8{,}28°$ 1

$\alpha_2 \approx 4{,}59°$ 1

Wegen $\alpha_2 > \beta_1$, gibt es keine Überlappung der Spektren 1. und 2. Ordnung.

Winkelgrenzen des Spektrums 3. Ordnung: 1

$b \cdot \sin\beta_3 = 3 \cdot \lambda_{rot}$

$\beta_3 \approx 12{,}47°$ 1

$\alpha_3 \approx 6{,}89°$ 1

Wegen $\alpha_3 < \beta_2$, gibt es eine teilweise Überlappung der Spektren 2. und 3. Ordnung. 1

e) 6 Minuten,

Die Gitterlinienabstände sind für die wesentlich kleineren Wellenlängen der Röntgenstrahlung zu grob. Als „Gitter" für Röntgenstrahlung eignen sich beispielsweise Kristalle mit bekannten Netzebenenabständen. Diese glatten Kristallflächen werden schräg von der Röntgenstrahlung getroffen (Bragg-Verfahren). 2

Unter bestimmten Neigungswinkeln (sogenannten „Glanzwinkeln") treten Maxima auf. Diese Maxima entstehen aufgrund der Interferenz von Wellen, die an den oberen Netzebenen reflektiert werden. 2

So lässt sich mit einem drehbaren Detektor die Strahlungsintensität in Abhängigkeit vom Neigungswinkel aufnehmen und man erhält das Röntgenspektrum des Kristalls. 2

**3** a) 4 Minuten,

Prinzip von Huygens: Jede Welle erzeugt in jedem Punkt eine Elementarwelle. Eine Elementarwelle ist in der Ebene eine Kreiswelle. Diese Elementarwellen interferieren. 4

b) 🕒 6 Minuten, 

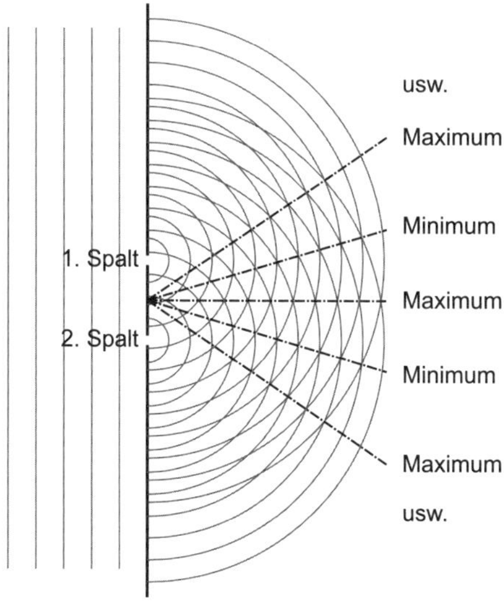


6

Hinweise zur Zeichnung:
- Rechts überlagern sich die beiden Elementarwellen.
- Sie ergeben unter bestimmten Winkeln Maxima bzw. Minima.

c) 🕒 8 Minuten, 

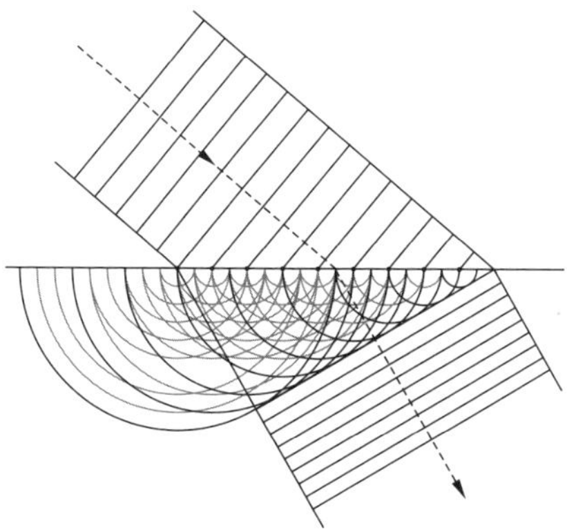

6

Hinweise zur Zeichnung:
- Im dichten Medium ist die Ausbreitungsgeschwindigkeit geringer und also auch der Abstand der Wellenfronten.
- Die Wellenfronten knicken ab.

# Klausur 10

BE

**1** Elektromagnetischer Schwingkreis
Ein Schwingkreis mit $L = 5{,}00\ \mu H$ und einer unbekannten Kapazität C wird zu einer ungedämpften Schwingung mit der Periodendauer $T = 0{,}20\ \mu s$ angeregt.

a) Begründen Sie, warum dem Schwingkreis immer wieder Energie zugeführt werden muss, und beschreiben Sie anhand einer Skizze ein geeignetes Verfahren dazu. 6

b) Bestimmen Sie die Kapazität C. (Zwischenergebnis: $C = 2{,}0 \cdot 10^{-10}$ F) 4

c) Der Scheitelwert der Spannung beträgt 4,00 V; welchen Scheitelwert erreicht die Stromstärke? 6

d) Skizzieren Sie den zeitlichen Verlauf von Spannung U(t) und Stromstärke I(t) für das Zeitintervall 0,30 µs (empfohlene Einheiten 1 cm für 0,02 µs, 1 V bzw. 10 mA). 8

Der Schwingkreis wird nun an einen Sendedipol angekoppelt.

e) Berechnen Sie die kürzeste Dipollänge für optimale Abstrahlungsleistung. 4

f) Für welche weiteren Frequenzen eignet sich dieser Sendedipol ähnlich gut? Begründen Sie Ihre Antwort. 6

g) Beschreiben Sie zwei Versuche zur Bestätigung der Wellennatur dieser Dipolstrahlung. 10

**2** Polarisation und Reflexion
Autofahrern wird für das Fahren bei starker Sonneneinstrahlung gelegentlich eine Polarisations-Sonnenbrille empfohlen, die angeblich die Reflexe ausfiltert. Auch beim Fotografieren durch eine Schaufensterscheibe soll ein Polarisationsfilter vor dem Objektiv vor Lichtreflexen schützen.

a) Beschreiben Sie das Phänomen der Polarisation und beurteilen Sie, ob die angeblichen Effekte tatsächlich festgestellt werden können. 6

Ein rechteckiger Drahtrahmen wird in eine geeignete Spülmittellösung getaucht. Beim Herausziehen bildet sich eine dünne Seifenhaut, die vertikal gehalten wird und – bevor sie dann irgendwann platzt – beim Betrachten ein sich änderndes Farbenspiel zeigt, wie man dies von Seifenblasen kennt.

b) Beschreiben und begründen Sie die Farberscheinungen an dieser Seifenhaut, deren Dicke wegen der Schwerkraft und der senkrechten Lagerung von oben nach unten keilförmig zunimmt. Beschreiben und begründen Sie auch die Farberscheinung kurz vor dem Platzen der Seifenhaut. 7

**3** Gangunterschiede bei der Satellitenschüssel

Satellitenschüsseln zum Funkempfang sind weitverbreitet, ihre Innenfläche stellt den Ausschnitt eines sogenannten Rotationsparaboloids dar, das entsteht, wenn eine Parabel um ihre Symmetrieachse rotiert. Wird die Symmetrieachse auf den Satelliten gerichtet, dann treffen alle von diesem empfangenen Signale nach der Reflexion an der Schüssel im Brennpunkt zusammen, dort befindet sich das Empfangsteil.
Hier wird als Beispiel die Parabel mit Gleichung $f(x) = x^2$ verwendet.

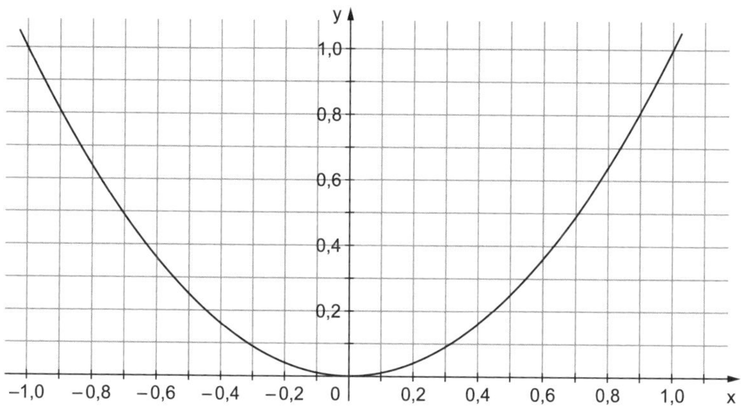


a) Um sich davon zu überzeugen, dass der Brennpunkt dieser Parabel bei $F(0\,|\,0{,}25)$ liegt, zeichnen Sie drei von diesem Punkt ausgehende Strecken, deren anderer Endpunkt $R_1$, $R_2$ bzw. $R_3$ auf der Parabel liegt. Durch Ablesen der x-Koordinate dieser Reflexionspunkte $R_1$, $R_2$ bzw. $R_3$ lassen sich mithilfe der Ableitungsfunktion f' die Tangentensteigungen abschätzen. Skizzieren Sie jeweils die Tangenten in diesen Punkten und ermitteln Sie gemäß dem Gesetz Einfallswinkel = Ausfallswinkel die Richtung des reflektierten Strahls.
Zeigen Sie zeichnerisch, dass diese drei Strahlen parallel zur y-Achse sind. 6

b) Bei den Strahlen handelt es sich um elektromagnetische Wellen und die gegenseitige Verstärkung aller parallel einfallenden und nach der Reflexion im Brennpunkt fokussierten Funkwellen lässt sich nur erklären, wenn alle diese Wellen phasengleich eintreffen und keinen Gangunterschied aufweisen. Gehen Sie davon aus, dass die parallel einfallenden Strahlen beispielsweise bis zur „Höhe“ $y = 1$ die gleiche Wegstrecke hinter sich haben, und zeigen Sie für eine solche Einfallswelle entlang der Geraden $x = a$, dass der Weg von $(a \mid 1)$ über den Reflexionspunkt nach $F(0 \mid 0{,}25)$ nicht von a abhängt und somit kein Gangunterschied zwischen den in F eintreffenden Wellen besteht, sie also alle konstruktiv interferieren. 5

c) Bei den sogenannten Offset-Schüsseln (wie in der Abbildung grau dargestellt) wird nur ein Teil der Paraboloidfläche als Reflektor verwendet und insbesondere der flache Bereich um den Scheitel weggelassen, der Empfänger liegt aber dennoch im Brennpunkt F. Begründen Sie, warum das (insbesondere im Winter) sinnvoll ist.

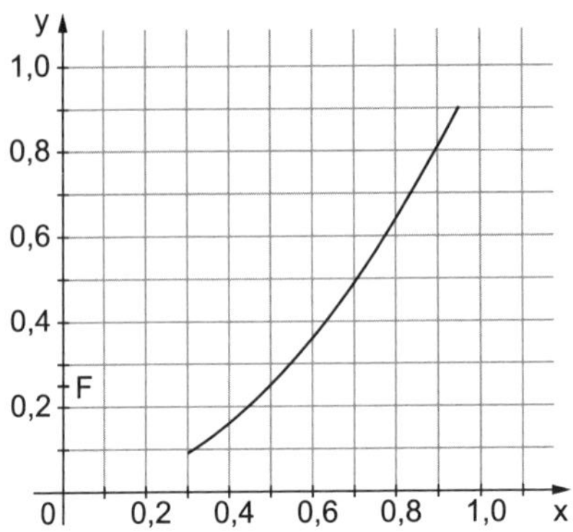


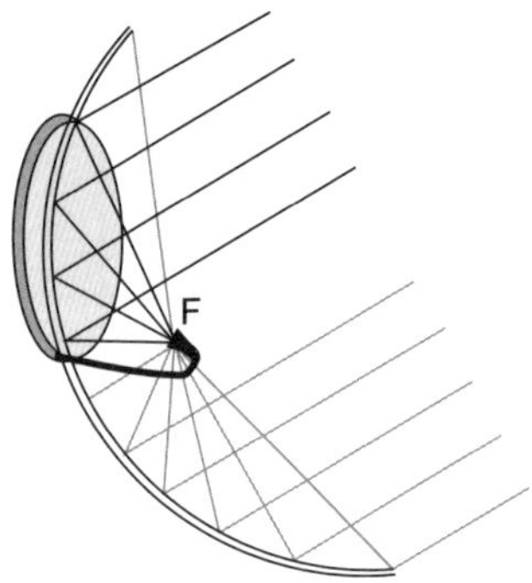


2

## Hinweise und Tipps

**1** a) • Verluste im Schwingkreis machen eine ständige Energiezufuhr nötig.
• Denken Sie an eine Rückkopplung.

b) Verwenden Sie die Thomson-Gleichung.

c) Vergleichen Sie die magnetische und elektrische Energie des Schwingkreises.

d) • Die Hochwertachse des Diagramms ist doppelt belegt.
• Zeichnen Sie die Scheitelwerte und die Periodenlänge richtig ein.
• Beachten Sie, dass im Zeitpunkt der maximalen Ladungstrennung die magnetische Energie der Spule gleich null ist.

e) Eine halbe Wellenlänge muss in den Dipol hineinpassen.

f) Denken Sie an die Oberschwingungen.

g) Denken Sie beispielsweise an den Doppelspalt oder an stehende Wellen.

**2** a) • Beschreiben Sie unpolarisiertes und polarisiertes Licht.
• Was macht ein Polarisationsfilter?
• Tritt bei Lichtreflexion auch Polarisation auf?

b) • Beachten Sie, dass hier Reflexion sowohl an der vorderen als auch an der hinteren Grenzschicht der Seifenhaut auftritt.
• Die Seifenhaut wird bei längerer Betrachtung immer dünner.
• Denken Sie an den Phasensprung, der nur bei der Reflexion an einem optisch dichteren Stoff auftritt.

**3** a) • Beachten Sie, dass das Reflexionsgesetz gilt.
• Die Lotgerade ist die Normale an den Kurvenpunkt.
• Die Normale steht senkrecht auf der Tangente.

b) • Zerlegen Sie den Weg in 2 Teile. Von $(a|1)$ bis zum Reflexionspunkt und vom Reflexionspunkt bis zum Brennpunkt.
• Beachten Sie den Satz des Pythagoras für den zweiten Teil des Weges.

c) Denken Sie an äußere Einflüsse wie Sonne, Schmutz und Schnee.

## Lösung

**1** a) 10 Minuten,

Der Schwingkreis hat stets auch einen ohmschen Widerstand, elektrische Energie wird also in Wärme umgewandelt und muss ersetzt werden. 1

Dazu eignet sich die Meißner-Rückkopplungsschaltung. 1

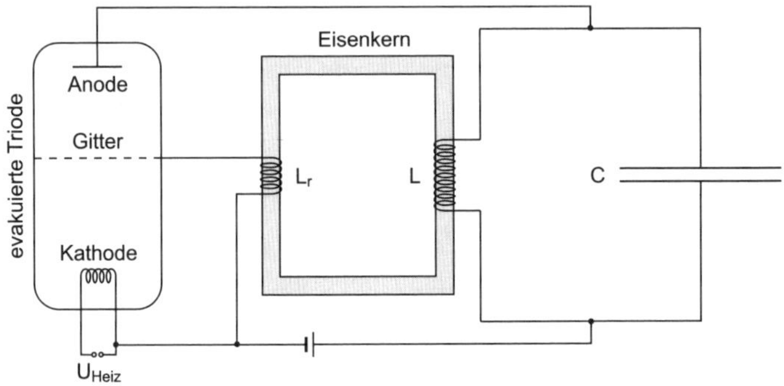

2

C: Schwingkreiskondensator, L: Schwingkreisspule, $L_r$: Rückkopplungsspule

Hinweise zur Zeichnung:
Die Zeichnung muss enthalten: Schwingkreisspule (rechts), Eisenkern, Rückkopplungsspule sowie Anode und Kathode.

Die Schwingkreisspule ist induktiv über einen Eisenkern mit einer Rückkopplungsspule verbunden, dort wird im Schwingkreisrhythmus Strom induziert und das Gitter in der Triode be- bzw. entladen. 1
Dadurch wird der Elektronenstrom von der Kathode zur Anode durch die Triode gesteuert und dem Schwingkreis immer wieder Energie zugeführt. 1

b) 3 Minuten,

Für die Schwingungsdauer im Schwingkreis gilt nach der Thomson-Gleichung:

$$T = 2\pi \cdot \sqrt{L \cdot C}$$ 1

Aufgelöst nach der Kapazität:

$$C = \frac{T^2}{(2\pi)^2 \cdot L}$$

$$= \frac{(0{,}2 \cdot 10^{-6}\,\text{s})^2}{(2\pi)^2 \cdot 5{,}00 \cdot 10^{-6}\,\text{H}} \approx 2{,}0 \cdot 10^{-10}\,\text{F}$$ 3

c) ◷ 4 Minuten, 🥜🥜.
Spannung und Stromstärke sind im Schwingkreis über die maximale elektrische und magnetische Energie verknüpft:

$$\frac{1}{2}C\cdot U_{max}^2=\frac{1}{2}L\cdot I_{max}^2$$ 2

Damit erhält man:

$$I_{max}=\sqrt{\frac{C\cdot U_{max}^2}{L}}=U_{max}\cdot\sqrt{\frac{C}{L}}$$

$$=4{,}00\ V\cdot\sqrt{\frac{2{,}0\cdot10^{-10}\ F}{5{,}00\cdot10^{-6}\ H}}\approx0{,}025\ A$$ 4

d) ◷ 10 Minuten, 🥜🥜🥜.

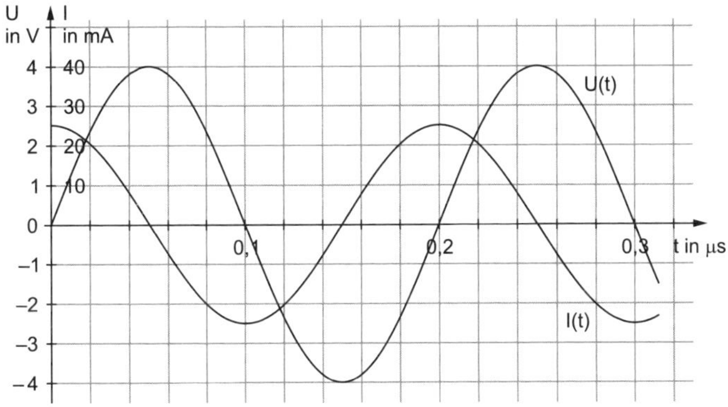


8

✎ Hinweise zur Zeichnung:

- Spannung und Stromstärke werden im vorgegebenen Maßstab nach oben und die Zeit wird nach rechts aufgetragen.
- Die gesuchten Kurven sind sinusförmig mit dem Scheitelwert $U=4\ V$ und $I=25\ mA$ und der Periodenlänge 0,2 μs.
- U(t) ist im Vergleich zu I(t) um $\frac{\pi}{2}$ nach „rechts" verschoben. Wenn U(t) maximal ist, ist I(t) gleich null und umgekehrt.

e) ◷ 2 Minuten, 🥜.
In den kürzesten Dipol passt die halbe Wellenlänge gerade hinein: 1

$$\ell=\frac{1}{2}c\cdot T$$

$$=\frac{1}{2}\cdot3{,}0\cdot10^8\ \frac{m}{s}\cdot0{,}02\cdot10^{-6}\ s=3{,}0\ m$$ 3

f) 5 Minuten,

Wenn Vielfache der halben Wellenlänge gerade in die Dipollänge hineinpassen, dann ist ebenfalls sehr gute Abstrahlung zu erwarten:

$$\frac{\lambda_n}{2} \cdot (n+1) = \ell \quad \Leftrightarrow \quad \lambda_n = \frac{2\ell}{n+1}$$

$$f = \frac{c}{\lambda_n} = \frac{c \cdot (n+1)}{2\ell}$$ 2

$$n = 0: \quad f_0 = \frac{3 \cdot 10^8 \, \frac{m}{s} \cdot 1}{2 \cdot 3\,m} = 50\text{ MHz}$$ 1

$$n = 1: \quad f_1 = \frac{3 \cdot 10^8 \, \frac{m}{s} \cdot 2}{2 \cdot 3\,m} = 100\text{ MHz}$$ 1

$$n = 2: \quad f_2 = \frac{3 \cdot 10^8 \, \frac{m}{s} \cdot 3}{2 \cdot 3\,m} = 150\text{ MHz}$$ 1

Also bei Vielfachen der Frequenz von 50 MHz. 1

g) 6 Minuten,

Ein Standardversuch zum Nachweis der Wellennatur der Dipolstrahlung ist das Doppelspaltexperiment: Hinter dem Doppelspalt lassen sich auf einem Schirm Maxima und Minima der Intensität finden, die nach der Teilchentheorie nicht erklärbar sind, sondern nur mithilfe von Interferenz, wie man sie von Transversalwellen kennt. 5

Ein weiteres Schlüsselexperiment ist der Nachweis stehender Wellen bei der senkrechten Reflexion an einer metallischen Fläche. Im Abstand von jeweils einer halben Wellenlänge wechseln sich Knoten und Bäuche ab, wie man mit einem Empfangsgerät nachweisen kann. 5

Weitere Möglichkeiten:

Dipolstrahlung lässt sich polarisieren: Ein feines Strichgitter lässt nur in einer bestimmten Ebene schwingende Wellen durch, ein zweites Polarisationsfilter dient als Analysator und lässt, bei 90 Grad Drehung gegen das erste Filter, keine Wellen durch.

Nachweis von Beugung oder Brechung der Strahlung, jeweils erklärbar mit dem huygensschen Prinzip der Elementarwellen.

**2** a) 🕓 7 Minuten,

Elektromagnetische Wellen sind Querwellen (Transversalwellen), die Schwingung findet also senkrecht zur Ausbreitungsrichtung statt. Das Licht einer Glühlampe oder der Sonne schwingt in allen Richtungen, man bezeichnet es als unpolarisiert. Schwingt das Licht stets in derselben Ebene, so spricht man von linear polarisiertem Licht. 2

Ein Polarisationsfilter filtert aus dem unpolarisierten Licht linear polarisiertes Licht heraus. 1

Ein weiteres, um 90 Grad um die Ausbreitungsrichtung gedrehtes Polfilter lässt dann gar kein Licht mehr durch, weil der Anteil der in „seiner" Richtung schwingenden Lichtwellen null ist. 1

Der Effekt im Straßenverkehr ist tatsächlich feststellbar, denn reflektiertes Licht ist größtenteils linear polarisiert und kann daher durch eine richtig angeordnete Polarisationsfolie ausgefiltert werden. Ebenso ist das reflektierte Licht einer Schaufensterscheibe großteils linear polarisiert und das Polfilter vor dem Objektiv kann, bei richtiger Ausrichtung, das Streulicht herausfiltern, um die Dinge im Schaufenster abzubilden. 2

b) 🕓 9 Minuten,

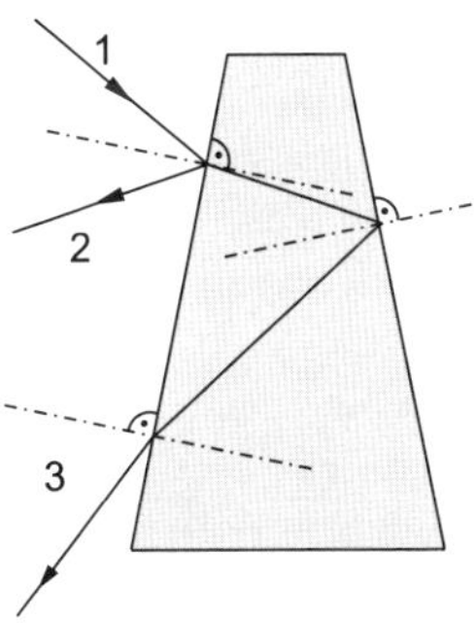


Stellt man sich die Seifenblasenhaut als keilförmiges Objekt vor, das unten dicker ist als oben, erkennt man folgenden Strahlengang: Ein Teil des einfallenden Lichts (Strahl 1) wird gleich an der Vorderseite reflektiert (Strahl 2).

Der restliche Teil tritt unter Brechung in die Haut ein. An der gegenüberliegenden Grenzschicht wird ein Teil davon wieder reflektiert, durchläuft die Haut ein zweites Mal und tritt teilweise unter erneuter Brechung wieder aus (Strahl 3). 2

Der Gangunterschied bzw. die Interferenz zwischen den „vorne“ und „hinten“ reflektierten Strahlenteilen ist verantwortlich für die Farberscheinungen. 1

Beträgt der Gangunterschied ein Vielfaches der Wellenlänge von beispielsweise blauem Licht, dann interferieren die Strahlen 2 und 3 konstruktiv und man sieht Blau; die anderen Farben werden mehr oder weniger stark ausgelöscht.

Nach unten nehmen die Dicke des Keils und damit der Gangunterschied zu; man sieht folglich größere Wellenlängen, die hier konstruktiv interferieren. 1

Da die Seifenhaut immer dünner wird, ändern sich die Dicke und damit die Farben auf der Seifenhaut ständig. 1

Kurz vor dem Platzen der Seifenhaut ist diese so dünn, dass kein Gangunterschied mehr auftritt und wegen des Phasensprungs an der Vorderseite sich die beiden reflektierten Anteile gegenseitig auslöschen: Man sieht Schwarz. 2

**3** a) 6 Minuten,

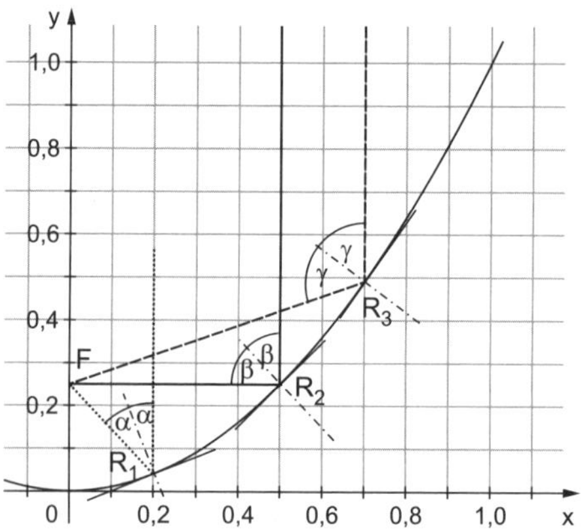


4

Hinweise zur Zeichnung:
- Einfalls- und Ausfallswinkel werden zum Lot hin gemessen.
- Das Lot ist die Normale an die Kurve im Auftreffpunkt des Strahls.

Für $R_1$ gilt: $x \approx 0{,}2 \;\Rightarrow\; f'(0{,}2) = 0{,}4$

Für $R_2$ gilt: $x \approx 0{,}5 \;\Rightarrow\; f'(0{,}5) = 1$

Für $R_3$ gilt: $x \approx 0{,}7 \;\Rightarrow\; f'(0{,}7) = 1{,}4$ 2

b) 5 Minuten,
1. Teil des Weges: Von (a | 1) zum Reflexionspunkt $(a \mid a^2)$:
$w_1 = 1 - a^2$ 1

2. Teil des Weges: Von $(a \mid a^2)$ nach (0 | 0,25):
$$w_2 = \sqrt{(\Delta x)^2 + (\Delta y)^2} = \sqrt{(a-0)^2 + (a^2 - 0{,}25)^2}$$
$$= \sqrt{a^4 + 0{,}5a^2 + 0{,}25^2} = \sqrt{(a^2 + 0{,}25)^2} = a^2 + 0{,}25$$ 2

Der Gesamtweg ab (a | 1) ist demnach
$w = w_1 + w_2 = 1 - a^2 + a^2 + 0{,}25 = 1{,}25$ 1
und damit unabhängig von a. Also gibt es keinen Gangunterschied zwischen den im Brennpunkt eintreffenden Strahlen. 1

c) 3 Minuten,
Mittels einer Offset-Schüssel-Geometrie wird die Beschattung der Reflektorfläche durch Empfänger und dessen Halterung vermieden. 1
Außerdem ist eine steile Montage möglich, sodass im Winter kein Schnee darauf liegen bleibt und den Empfang stört. 1

# Klausuren zum Themenbereich 3

- Eigenschaften von Atomen, Kernen und Quanten
- Wellenfunktionen
- Modell des Potenzialtopfs
- Kernreaktionen und Radioaktivität
- Unbestimmtheitsrelation von Heisenberg

# Klausur 11

BE

**1** U235-Kerne werden in Kernkraftwerken von thermischen Neutronen getroffen, nehmen diese auf und werden instabil.
Sie zerfallen dann in zwei Kerne, die in diesem Fall nach je vier Betazerfällen in Nd143 und Zr90 übergehen. Zudem entstehen schnelle freie Neutronen.

a) Geben Sie die Anzahl der pro Zerfall frei werdenden Neutronen an. 4

b) Um die entstandenen schnellen Neutronen für die kontrollierte Kettenreaktion weiterverwenden zu können, müssen diese abgebremst werden. Benennen Sie ein geeignetes Verfahren und ein Material dazu. 5

c) Geben Sie die Gleichungen der ablaufenden Reaktionen an. 10

d) Bei jeder Spaltung werden etwa 200 MeV Energie frei. Beschreiben Sie, woher die Energie kommt bzw. umgewandelt wird, und geben Sie an, wie man die Energie berechnen kann. 6

e) Ein Kernkraftwerk wie Isar 2 liefert bei einem Wirkungsgrad von 30 % eine Nutzleistung von 1 500 MW. Welche Masse an U235 wird jährlich verbraucht?
[Zwischenergebnis: $m_{U235} = 1{,}9\ t$] 7

f) Heizöl hat eine Dichte von $0{,}85\ \frac{kg}{\ell}$ und einen Heizwert von $42\ \frac{MJ}{kg}$.
Wie viele Liter Heizöl müssen verbrannt werden, um bei gleichem Wirkungsgrad die gleiche Leistung für ein Jahr lang aufzubringen? 5

g) U235 ist ein Alphastrahler, beim Zerfall entstehen in diesem Beispiel Betastrahler, meist tritt zusätzlich Gammastrahlung auf. Erklären Sie die Ursache der Gammastrahlung und erläutern Sie die vier Grundregeln des Strahlenschutzes, die bei Umgang mit solchen Gefahrstoffen eingehalten werden sollen. 7

h) U235 hat eine Halbwertszeit von $7{,}0 \cdot 10^8$ a. Berechnen Sie, nach welcher Zeit die Aktivität einer U235-Probe auf 10 % gefallen ist. 5

**2** Neben der Energiegewinnung durch Kernspaltung kann grundsätzlich auch mit Kernfusion Energie gewonnen werden.
Eine Fusionsreaktion in der Sonne produziert im Wesentlichen Helium aus Protonen, es werden dabei jeweils auch zwei Positronen und zwei Neutrinos sowie etwa 26 MeV Energie frei.
Bei uns auf der Erde beträgt die eingestrahlte Strahlungsleistung der Sonne etwa 1,36 kW je Quadratmeter. Es wird nun angenommen, dass ausschließlich die genannte Reaktion stattfindet und nur diese für die Energiefreisetzung verantwortlich ist.

a) Berechnen Sie, wie viele solche Reaktionen in jeder Sekunde in der Sonne stattfinden, damit die angegebene Strahlungsleistung auf der Erde möglich ist- Der Abstand Sonne–Erde beträgt ca. 150 Mio. km. [Zwischenergebnis: Leistung der Sonne: $3{,}9 \cdot 10^{26}$ W] 8

b) Ermitteln Sie rechnerisch den Bruchteil der Sonnenmasse, der in der bisherigen Leuchtzeit von 4,5 Milliarden Jahren verbraucht wurde. Die Sonnenmasse heute beträgt etwa $2{,}0 \cdot 10^{30}$ kg. 6

c) Peter schlägt vor, Energie immer abwechselnd durch Spalten und Fusionieren von Atomkernen dauerhaft zu gewinnen. Nehmen Sie dazu Stellung. 7

## Hinweise und Tipps

**1** a) Berücksichtigen Sie auch das vom Urankern aufgenommene Neutron.

b) • Denken Sie an die Stoßgesetze.
   • Beachten Sie den Energieübertrag bei Stoßpartnern in Abhängigkeit ihrer Masse.

c) • Rechnen Sie von den bekannten Endprodukten auf die Zwischenkerne zurück.
   • Da Sie die Zerfälle kennen, wissen Sie, wie sich die Ordnungszahl pro Zerfall ändert.

d) Denken Sie an den Massendefekt.

e) • Berechnen Sie zunächst die Primärleistung.
   • Berechnen Sie die Anzahl der zu spaltenden Urankerne und dann das Gewicht der Kerne.

f) Der Heizwert bezieht sich auf 1 kg, darum ist zusätzlich die Dichte angegeben.

g) Gammastrahlung entsteht bei angeregten Kernen.

h) Verwenden Sie das Zerfallsgesetz.

**2** a) • Stellen Sie sich die Sonne als Mittelpunkt einer bestrahlten Kugelschale mit dem Abstand Sonne–Erde als Radius vor und berechnen Sie die Leistung der Sonne.
   • Aus der Leistung können Sie die Anzahl der Reaktionen berechnen, die pro Sekunde in der Sonne ablaufen.

b) • Berechnen Sie mithilfe der Leistung der Sonne die bisher abgestrahlte Gesamtenergie der Sonne.
   • Verwenden Sie die einsteinsche Masse-Energie-Beziehung.
   • Berechnen Sie damit die Masse, die bisher abgestrahlt wurde, und schließlich den prozentualen Anteil von der Gesamtmasse.

c) • Denken Sie an die mittlere Bindungsenergie der Nukleonen.
   • In welchen Bereichen des Diagramms zur Bindungsenergie findet die Kernreaktion bzw. die Kernspaltung statt?

## Lösung

**1** a) 5 Minuten,

Der U235-Kern und das die Reaktion auslösende Neutron haben zusammen $235 + 1 = 236$ Nukleonen, die entstehenden Kerne Nd143 und Zr90 zusammen 233. Es fehlen also 3 Nukleonen. 2

Dies sind – weil sonst nur nukleonenzahlneutrale Betazerfälle stattfinden – gerade die drei frei werdenden Neutronen je Spaltung. 2

b) 4 Minuten,

Schnelle Neutronen werden durch elastische Stöße mit möglichst 3
gleich schwerem Stoßpartner abgebremst. Wasserstoff oder schweres Wasser eignen sich gut und werden häufig als Moderator eingesetzt. 2

c) 10 Minuten,

Zunächst fängt der ${}^{235}_{92}\text{U}$-Kern das Neutron ein:

$${}^{235}_{92}\text{U} + {}^{1}_{0}\text{n} \rightarrow {}^{236}_{92}\text{U}^*$$ 2

Der neue Kern ist instabil und zerfällt in zwei noch unbekannte Teilkerne und drei Neutronen:

$${}^{236}_{92}\text{U}^* \rightarrow {}^{?}_{?}\_\_ + {}^{?}_{?}\_\_ + 3 \cdot {}^{1}_{0}\text{n} \qquad (1)$$ 2

Die Teilkerne haben je vier Betazerfälle vor sich und werden zu ${}^{143}_{60}\text{Nd}$ und ${}^{90}_{40}\text{Zr}$.

Wenn man die Reaktionsgleichungen hinten beim Endprodukt beginnt, kann man folgendermaßen schreiben und erhält die Massen- und Ordnungszahl des Ausgangsprodukts:

$${}^{143}_{56}\_\_ + {}^{0}_{-1}\text{e} \rightarrow {}^{143}_{57}\_\_ + {}^{0}_{-1}\text{e} \rightarrow {}^{143}_{58}\_\_ + {}^{0}_{-1}\text{e} \rightarrow {}^{143}_{59}\_\_ + {}^{0}_{-1}\text{e} \rightarrow {}^{143}_{60}\text{Nd}$$ 2

bzw.

$${}^{90}_{36}\_\_ + {}^{0}_{-1}\text{e} \rightarrow {}^{90}_{37}\_\_ + {}^{0}_{-1}\text{e} \rightarrow {}^{90}_{38}\_\_ + {}^{0}_{-1}\text{e} \rightarrow {}^{90}_{39}\_\_ + {}^{0}_{-1}\text{e} \rightarrow {}^{90}_{40}\text{Zr}$$ 2

Im Periodensystem findet man zu den Ordnungs- bzw. Protonenzahlen die Namen der Elemente:

$${}^{143}_{56}\text{Ba} + {}^{0}_{-1}\text{e} \rightarrow {}^{143}_{57}\text{La} + {}^{0}_{-1}\text{e} \rightarrow {}^{143}_{58}\text{Ce} + {}^{0}_{-1}\text{e} \rightarrow {}^{143}_{59}\text{Pr} + {}^{0}_{-1}\text{e} \rightarrow {}^{143}_{60}\text{Nd}$$ 1

und

$${}^{90}_{36}\text{Kr} + {}^{0}_{-1}\text{e} \rightarrow {}^{90}_{37}\text{Rb} + {}^{0}_{-1}\text{e} \rightarrow {}^{90}_{38}\text{Sr} + {}^{0}_{-1}\text{e} \rightarrow {}^{90}_{39}\text{Y} + {}^{0}_{-1}\text{e} \rightarrow {}^{90}_{40}\text{Zr}$$ 1

Die Teilkerne in Reaktion (1) sind somit ${}^{143}_{56}\text{Ba}$ und ${}^{90}_{36}\text{Kr}$.

d) 6 Minuten,
Die Summe der Massen aller Endprodukte ist kleiner als die Summe der Massen aller Ausgangsstoffe, die Differenz nennt man Massendefekt. 3
Diese Masse wurde in Energie umgewandelt. 1
Mithilfe der Formel $E = m \cdot c^2$ kann die Energie berechnet werden. 2

e) 7 Minuten,
Die Primärleistung $P_P$ muss bei einer Sekundärleistung $P_S = 1\,500$ MW und einem Wirkungsgrad $\eta$ von 30 % = 0,3 Folgendes betragen:

$$P_P = \frac{P_S}{\eta}$$

$$= \frac{1\,500 \text{ MW}}{0{,}3} = 5\,000 \text{ MW}$$ 2

Die Anzahl der U235-Kerne, die benötigt wird, um diese Leistung das ganze Jahr zu liefern, ist:

$$n = \frac{E_{gesamt}}{\Delta E_{Reaktion}} = \frac{P_P \cdot t}{\Delta E_{Reaktion}}$$

$$= \frac{5\,000 \cdot 10^6 \text{ W} \cdot 365 \cdot 24 \cdot 3\,600 \text{ s}}{200 \cdot 10^6 \cdot 1{,}6 \cdot 10^{-19} \text{ J}} \approx 4{,}9 \cdot 10^{27}$$ 3

Jeder Kern wiegt etwa 235 u, daher ist die jährlich benötigte Masse:

$$m_{U235} = 4{,}9 \cdot 10^{27} \cdot 235 \text{ u} = 1{,}16 \cdot 10^{30} \text{ u}$$

$$= 1{,}16 \cdot 10^{30} \cdot 1{,}66 \cdot 10^{-27} \text{ kg} \approx 1{,}9 \text{ t}$$ 2

f) 5 Minuten,
Um die gleiche Energie E mit Heizöl zu erzeugen, muss man folgendes Volumen an Öl verbrennen:

$$E = m \cdot H = \rho \cdot V \cdot H$$

Gleichsetzen mit $E = P \cdot t$ und Auflösen nach V ergibt:

$$V = \frac{P \cdot t}{\text{Heizwert} \cdot \rho}$$ 3

$$= \frac{5\,000 \cdot 10^6 \text{ W} \cdot 365 \cdot 24 \cdot 3\,600 \text{ s}}{42 \cdot 10^6 \frac{\text{J}}{\text{kg}} \cdot 0{,}85 \frac{\text{kg}}{\ell}} \approx 4{,}4 \cdot 10^9 \, \ell$$ 2

Man muss ca. 4,4 Milliarden Liter Öl verbrennen, um die gleiche Leistung für ein Jahr zu erhalten.

g) 8 Minuten,
Gammastrahlung tritt als Sekundärstrahlung auf. Nach Alpha- und Betazerfällen nimmt der Kern den energetisch günstigsten Zustand an. Die überschüssige Energie tritt als Gammastrahlung aus. 3
Grundregeln des Strahlenschutzes:
(1) Bestrahlungszeit minimieren 1
(2) Abstand zum Strahler maximieren 1
(3) Abschirmung (Bleiweste o. Ä., wenn möglich) 1
(4) Inkorporation (Einatmen, Verschlucken …) vermeiden 1

h) 5 Minuten,
Die Aktivität der Probe soll auf 10 % fallen, also gilt:
$A(t) = 0{,}1A(0)$
Nach dem Zerfallsgesetz gilt für die Aktivität A(t):
$$A(t) = A(0) \cdot e^{-\frac{t}{T_{1/2}} \cdot \ln 2}$$
Gleichsetzen der Bedingungen für A(t) und Auflösen nach t ergibt:
$$A(0) \cdot e^{-\frac{t}{T_{1/2}} \cdot \ln 2} = 0{,}1A(0) \qquad 2$$
$$e^{-\frac{t}{T_{1/2}} \cdot \ln 2} = 0{,}1$$
$$t = -\frac{\ln 0{,}1}{\ln 2} \cdot T_{1/2} \qquad 3$$
$$\approx 3{,}32 \cdot 7{,}0 \cdot 10^8\ \text{a} \approx 2{,}3 \cdot 10^9\ \text{a}$$

**2** a) 8 Minuten,
Die Strahlungsleistung P der Sonne erhält man, wenn man sich um die Sonne eine Kugel mit dem Radius 150 Mio. km denkt. Jeder Quadratmeter dieser Oberfläche wird von der Leistung 1,36 kW getroffen.
$$P_{Sonne} = 4\pi \cdot R^2 \cdot 1{,}36\ \frac{\text{kW}}{\text{m}^2}$$
$$\approx 4\pi \cdot (150 \cdot 10^9\ \text{m})^2 \cdot 1{,}36\ \frac{\text{kW}}{\text{m}^2} \approx 3{,}85 \cdot 10^{26}\ \text{W} \qquad 4$$
Jede Fusionsreaktion liefert:
$E = 26\ \text{MeV} = 26 \cdot 10^6 \cdot 1{,}6 \cdot 10^{-19}\ \text{J} \approx 4{,}16 \cdot 10^{-12}\ \text{W} \cdot \text{s}$ 2
Folglich müssen unter den gemachten Annahmen
$$n = \frac{3{,}85 \cdot 10^{26}\ \text{W}}{4{,}16 \cdot 10^{-12}\ \text{W} \cdot \text{s}} \approx 9{,}3 \cdot 10^{37}\ \frac{1}{\text{s}},$$
also $9{,}3 \cdot 10^{37}$ solche Reaktionen pro Sekunde in der Sonne ablaufen. 2

b) 6 Minuten,

Mit der oben berechneten Leistung von $3{,}85 \cdot 10^{26}$ W ergibt sich für die Strahlungsdauer von $4{,}5 \cdot 10^9$ a eine Gesamtenergie von:

$$E = P \cdot t$$

$$= 3{,}85 \cdot 10^{26}\,\text{W} \cdot 4{,}5 \cdot 10^9 \cdot 365 \cdot 24 \cdot 3600\,\text{s} \approx 5{,}5 \cdot 10^{43}\,\text{J}$$ 2

Mit der einsteinschen Beziehung $E = m \cdot c^2$ liefert das einen Massendefekt von:

$$m = \frac{E}{c^2}$$

$$\approx \frac{5{,}5 \cdot 10^{43}\,\text{J}}{(3{,}0 \cdot 10^8\,\frac{\text{m}}{\text{s}})^2} \approx 6{,}1 \cdot 10^{26}\,\text{kg}$$ 2

Von der Sonne sind jetzt noch $2{,}0 \cdot 10^{30}$ kg übrig. Damit errechnet sich der Prozentsatz von der ursprünglichen Masse der Sonne zu:

$$\frac{6{,}1 \cdot 10^{26}\,\text{kg}}{2{,}0 \cdot 10^{30}\,\text{kg} + 6{,}1 \cdot 10^{26}\,\text{kg}} \approx 3{,}0 \cdot 10^{-4} \approx 0{,}03\,\%$$ 2

c) 6 Minuten,

Peters Idee lässt sich nicht realisieren, denn nur bei der Fusion sehr leichter und bei der Spaltung sehr schwerer Kerne wird Energie frei. 2

Dies liegt an der mittleren Bindungsenergie je Nukleon im Kern. 2

Wird ein schwerer Kern in zwei mittelschwere zerlegt, ist bei diesen dann die mittlere Kernbindungsenergie je Nukleon größer, der Differenzbetrag wird an Energie frei.
Bei der Fusion zweier sehr leichter Kerne zu einem etwas schwereren gelangt man ebenso auf der Kurve der Bindungsenergie weiter nach oben und es wird Energie frei.

Die vorgeschlagene „Pingpong"-Reaktion liefert nicht dauerhaft Energie, denn um die erhaltenen Spaltprodukte wieder zu fusionieren, müsste man Energie zuführen. 3

# Klausur 12

BE

**1** Mit dem monochromatischen roten Licht eines He-Ne-Lasers (Wellenlänge 635 nm) wird ein Doppelspalt beleuchtet. Hinter dem Doppelspalt befindet sich ein Detektorschirm, der das zugehörige Interferenzmuster zeigt.

a) Skizzieren Sie die Intensitätsverteilung auf dem Schirm. 6

b) Die rote Laserquelle wird nun gegen eine türkis leuchtende Argonlaserquelle ausgetauscht (Wellenlänge 488 nm). Beschreiben und begründen Sie, wie sich die Intensitätsverteilung auf dem Schirm ändert. 4

Die Beleuchtungsstärke wird nun so verringert, dass praktisch einzelne Photonen nacheinander die Anordnung durchlaufen, nach entsprechend verlängerter Beobachtungszeit entsteht das gleiche Interferenzmuster wie anfangs bei starker Beleuchtung.

c) Interpretieren Sie den Doppelspalt als zwei seitlich versetzte Einzelspalte. Geben Sie an, ob die folgenden Aussagen richtig oder falsch sind, und begründen Sie Ihre Entscheidung:
   (1) Der Auftreffort eines Photons auf dem Detektorschirm lässt sich nicht konkret vorhersagen.
   (2) Jedes registrierte Photon hat genau einen der beiden Spalte passiert.
   (3) Über die Verteilung der Auftrefforte auf dem Detektorschirm, die sich nach vielen Stunden zeigt, lässt sich keine Aussage machen. 9

Röntgen- und Gammaquanten kommen in einem gemeinsamen Frequenzbereich vor und lassen sich physikalisch nicht mehr unterscheiden.

d) Beschreiben Sie die völlig unterschiedlichen Entstehungsweisen dieser beiden Strahlungsarten. 6

e) Skizzieren Sie ein typisches Röntgenspektrum für zwei verschiedene Beschleunigungsspannungen und erläutern Sie die Merkmale. 10

**2** De Broglie veröffentlichte im Jahr 1924 die Hypothese über den Wellencharakter bewegter Teilchen mit einer Ruhemasse.

a) Leiten Sie für die De-Broglie-Wellenlänge eines Elektrons im elektrischen Feld in Abhängigkeit von der Beschleunigungsspannung $U_B$ die Beziehung $\lambda = \frac{h}{\sqrt{2 \cdot m \cdot U_B}}$ mit einer nichtrelativistischen Rechnung her. 6

b) Berechnen Sie die Wellenlänge, die einem Elektronenstrahl der Energie $E = 30$ eV zugeordnet werden kann. 4

c) Bestimmen Sie nun die Beschleunigungsspannung $U_B$, die notwendig ist, um die Elektronen auf 90 % der Lichtgeschwindigkeit zu beschleunigen. Beurteilen Sie, ob sich die Formel in Teilaufgabe 2a zur Wellenlängenberechnung in diesem Fall eignet. 7

**3** Fullerene sind Moleküle mit fußballartiger Struktur aus beispielsweise 60 Kohlenstoffatomen, ihre Materiewellenlänge beträgt bei einem Interferenzversuch 2,75 pm.

a) Welche Geschwindigkeit haben die Moleküle? 8

Die Moleküle durchfliegen ein Gitter mit Gitterkonstante $g = 100$ nm, die beiden ersten Nebenmaxima findet man auf dem Detektorschirm etwa 50 µm seitlich des Hauptmaximums.

b) Skizzieren Sie den prinzipiellen Aufbau für Interferenzversuche an einem Gitter. 4

c) Welchen Abstand hat der Schirm vom Gitter? 6

## Hinweise und Tipps

**1** a) • Zeichnen Sie ein Interferenzbild für den Doppelspalt.
• Achten Sie auf die Symmetrie zu den Spalten.

b) • Der Gangunterschied der beiden Wellen hinter dem Doppelspalt ist für die Interferenzerscheinung grundlegend.
• Denken Sie an die Formel für die Bedingung eines Interferenzmaximums.
• Die beiden Laser unterscheiden sich in der Wellenlänge. Wie geht diese Größe bei der Bedingung für ein Interferenzmaximum ein?

c) Denken Sie an den Welle-Teilchen-Dualismus eines Photons.

d) Erinnern Sie sich an natürliche radioaktive Zerfallsarten sowie Bremsstrahlung schneller Elektronen.

e) Achten Sie sowohl auf den charakteristischen als auch auf den kontinuierlichen Teil des Spektrums.

**2** a) • Berechnen Sie durch Gleichsetzung der kinetischen und der potenziellen Energie der Elektronen die Geschwindigkeit der Elektronen.
• Um die De-Broglie-Wellenlänge zu bestimmen, benötigen Sie den Impuls der Elektronen.

b) Verwenden Sie die Formeln aus Teilaufgabe 2a.

c) • Ab der Geschwindigkeit von 0,1c muss relativistisch gerechnet werden.
• Bei der Energie in der relativistischen Rechnung müssen die Ruheenergie und die kinetische Energie betrachtet werden.

**3** a) • Die Wellenlänge von Materie ist die De-Broglie-Wellenlänge.
• Die Formel von De-Broglie verknüpft die Geschwindigkeit der Teilchen mit ihrer Wellenlänge.

b) Denken Sie an den Doppelspaltversuch bzw. ein Gitter.

c) • Betrachten Sie den Gangunterschied.
• Welche Bedingung gilt im ersten Maximum?
• Verwenden Sie die Kleinwinkelnäherung.

## Lösung

**1** a) 8 Minuten,
Hinter dem Doppelspalt ergibt sich etwa folgende Verteilung:

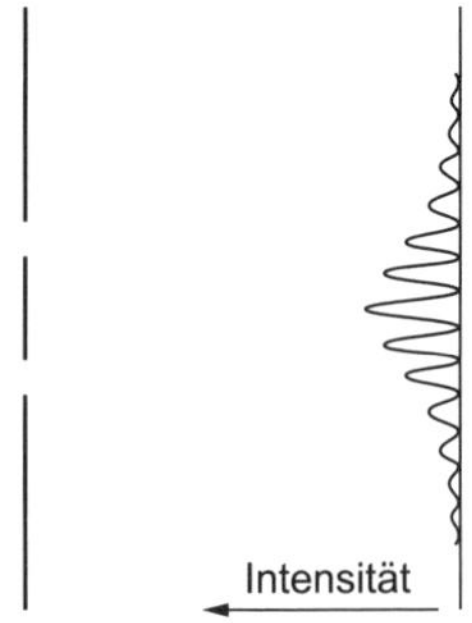

6

Hinweise zur Zeichnung:
- Die Mittelsenkrechte zwischen den beiden Spalten ist die Symmetrieachse. Das Intensitätsmaximum liegt auf dieser Achse.
- Maxima und Minima (Intensität gleich null) wechseln sich ab.
- Beschriftung der Intensitätsachse.

b) 4 Minuten,
Die Maxima liegen überall dort auf dem Schirm, wo die Elementarwellen aus den beiden Spaltöffnungen sich gegenseitig optimal verstärken, d. h. der Gangunterschied ein Vielfaches der Wellenlänge ist. 2
Für das erste Nebenmaximum bedeutet das bei rotem Licht, dass der Gangunterschied 635 nm ist. Bei Licht der Farbe Türkis ist der Gangunterschied 488 nm, also kleiner. D. h., es ist ein geringerer Ablenkwinkel gegenüber dem Hauptmaximum nötig, das Interferenzmuster rückt beim Laser mit Licht in der Farbe Türkis enger zusammen. 2

c) 8 Minuten,
Das Interferenzmuster bei Beschuss mit hoher Intensität stellt die Wahrscheinlichkeitsverteilung dar, die sich über lange Zeit auch bei Einzelbeschuss ergibt. Der Auftreffort eines bestimmten Photons auf dem Schirm lässt sich nicht konkret vorhersagen, (1) ist richtig. 3
Wenn ein Photon zuverlässig durch Spalt 1 gekommen wäre, hätte Spalt 2 genauso gut geschlossen sein können. Dann hätte sich aber ein anderes Interferenzbild ergeben (Einzelspalt), (2) ist also nicht richtig. 3

Die Verteilung der Auftrefforte lässt sich durchaus vorhersagen, es entsteht das gleiche Interferenzbild wie bei intensivem Kurzzeitbeschuss, (3) ist also falsch. 3

d) 8 Minuten,
Gammastrahlung tritt meist als Sekundärstrahlung bei radioaktiven Zerfällen auf. Unmittelbar nach einem Alpha- oder Betazerfall müssen sich die Nukleonen im Kern neu ordnen, um einen energetisch günstigen Zustand zu erreichen. Die dabei frei werdende Energie wird als Gammastrahlung emittiert. 3
Röntgenstrahlung entsteht meist in den Elektronenhüllen der Atome. Dazu werden Elektronen auf schwere Atome (etwa Kupfer) geschossen. Dabei schlagen sie einzelne kernnahe Hüllenelektronen heraus, die durch kernfernere Elektronen ersetzt werden, dabei wird Röntgenstrahlung ausgestrahlt. 3

e) 9 Minuten,
Für eine Beschleunigungsspannung $U_0$ und den doppelten Wert $2U_0$ erhält man folgendes Spektrum:

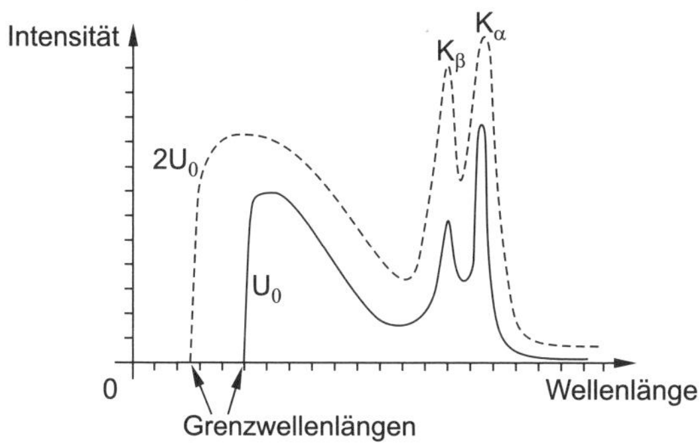

6

Hinweise zur Zeichnung:
- Achsen und Spektren beschriften
- zwei getrennte Spektren mit der scharfen Kante links und Peaks im Verlauf des Spektrums

Typisch beim Röntgenspektrum ist der scharfe linke Rand mit einer Grenzwellenlänge, dort ist die Energie maximal. Diese Situation tritt auf, wenn die Elektronen ihre gesamte kinetische Energie beim ersten Stoß abgeben. Bei doppelter Beschleunigungsspannung ist diese maximale Energie doppelt so hoch. Nach rechts schließt sich ein kontinuierliches Spektrum an. Es enthält charakteristische Peaks, deren Lage nicht von der Beschleunigungsspannung, sondern nur vom verwendeten Anodenmaterial der Röntgenröhre abhängt. 4

**2** a) 5 Minuten,
Im nichtrelativistischen Fall gilt durch Gleichsetzen der Energie der Elektronen im elektrischen Feld und ihrer kinetischen Energie:

$$e \cdot U_B = \tfrac{1}{2} m \cdot v^2$$

$$v = \sqrt{\frac{2e \cdot U_B}{m}}$$ 2

Für die De-Broglie-Wellenlänge benötigt man den Impuls:

$$p = m \cdot v = m \cdot \sqrt{\frac{2e \cdot U_B}{m}} = \sqrt{2m \cdot e \cdot U_B}$$ 2

Die De-Broglie-Wellenlänge ergibt sich zu:

$$\lambda = \frac{h}{p} = \frac{h}{\sqrt{2m \cdot e \cdot U_B}}$$ 2

b) 3 Minuten,
Für die De-Broglie-Wellenlänge gilt:

$$\lambda = \frac{h}{\sqrt{2m \cdot e \cdot U_B}} = \frac{h}{\sqrt{2m \cdot E}}$$ 2

$$= \frac{6{,}63 \cdot 10^{-34}\,\text{Js}}{\sqrt{2 \cdot 9{,}11 \cdot 10^{-31}\,\text{kg} \cdot 30 \cdot 1{,}6 \cdot 10^{-19}\,\text{J}}} \approx 0{,}224\,\text{nm}$$ 2

c) 8 Minuten,
Relativistischer Ansatz:
Gesamtenergie = Ruheenergie + kinetische Energie, also

$$E = E_0 + E_{kin} = E_0 + e \cdot U_B$$

$$U_B = \frac{1}{e} \cdot (E - E_0) = \frac{1}{e} \cdot (m \cdot c^2 - E_0)$$ 2

$$= \frac{1}{e} \cdot \left( \frac{m_0 \cdot c^2}{\sqrt{1 - \frac{v^2}{c^2}}} - E_0 \right) = \frac{E_0}{e} \cdot \left( \frac{1}{\sqrt{1 - \frac{v^2}{c^2}}} - 1 \right)$$

$$= \frac{511\,\text{keV}}{1{,}6 \cdot 10^{-19}\,\text{As}} \cdot \left( \frac{1}{\sqrt{1 - 0{,}9^2}} - 1 \right) \approx 6{,}6 \cdot 10^5\,\text{V}$$ 3

Die Formel in Teilaufgabe a kann nicht verwendet werden, weil der Term der kinetischen Energie nur für eine nichtrelativistische Rechnung gilt ($v < 0{,}1c$). 2

**3** a) 8 Minuten,

Masse von 60 Kohlenstoffatomen: 720 u 2

Die Formel der De-Broglie-Wellenlänge $\lambda = \frac{h}{m \cdot v}$ löst man nach v auf und erhält für die Fluggeschwindigkeit der Fullerene:

$$v = \frac{h}{m \cdot \lambda} = \frac{6{,}63 \cdot 10^{-34}\,\text{Js}}{720 \cdot 1{,}66 \cdot 10^{-27}\,\text{kg} \cdot 2{,}75 \cdot 10^{-12}\,\text{m}} = 202\,\frac{\text{m}}{\text{s}}$$ 6

b) 5 Minuten,

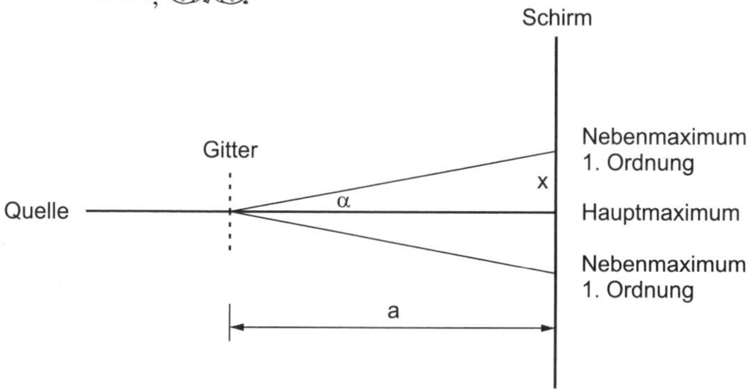


4

Hinweise zur Zeichnung:

- Einzeichnen der Quelle, des Gitters und der Lage des Hauptmaximums sowie der 1. Nebenmaxima auf dem Schirm.
- Beschriftung nicht vergessen.

c) 4 Minuten,

Beim Nebenmaximum 1. Ordnung ist der Gangunterschied Δs gerade eine Wellenlänge, es gilt also: 2

$$\lambda = \Delta s = g \cdot \sin\alpha$$

$$\approx g \cdot \tan\alpha = g \cdot \frac{x}{a} \quad \text{(Kleinwinkelnäheurng)}$$ 2

$$a \approx g \cdot \frac{x}{\lambda}$$

$$= 100 \cdot 10^{-9}\,\text{m} \cdot \frac{50 \cdot 10^{-6}\,\text{m}}{2{,}75 \cdot 10^{-12}\,\text{m}} \approx 1{,}8\,\text{m}$$ 2

# Klausur 13

BE

**1** Ein einfaches Modell für ein gebundenes Elektron ist der lineare Potenzialtopf mit der Länge L und unendlich hohen Wänden.

a) Skizzieren Sie die Graphen möglicher Wellenfunktionen für den Grundzustand sowie die ersten drei Anregungszustände. 8

b) Markieren Sie bei den Graphen jeweils die Punkte maximaler bzw. minimaler Aufenthaltswahrscheinlichkeit. 8

Es wird nun ein Potenzialtopf der Länge L mit endlich hohen Wänden betrachtet.

c) Skizzieren Sie für diesen Fall die Graphen der Wellenfunktionen für Grund- und ersten Anregungszustand. 6

d) Beschreiben Sie typische Eigenschaften der Graphen in einem Potenzialtopf mit endlich hohen Wänden und entscheiden Sie, ob der folgende Graph diese Eigenschaften erfüllt. Dabei ist zwischen den gestrichelten Linien der Bereich der Länge L im Potenzialtopf.

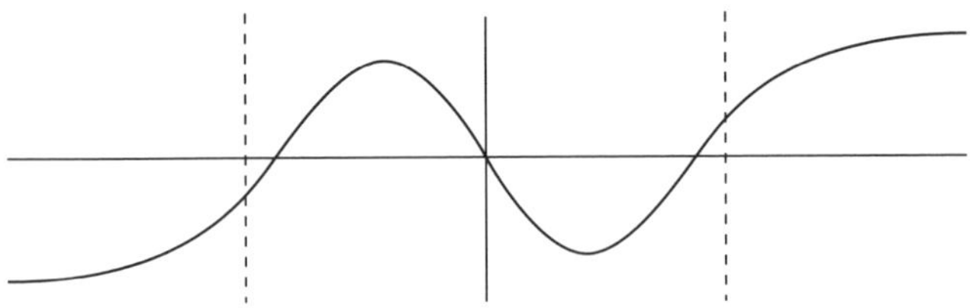

4

e) Erläutern Sie bei einem Potenzialtopf mit endlich hohen Wänden die Unterschiede zwischen quantenmechanischer und klassischer Vorstellung. 6

**2** In einem Oszilloskop ist eine braunsche Röhre eingebaut. Darin werden Elektronen durch eine Anodenspannung von $1{,}2 \cdot 10^3$ V beschleunigt und verlassen die Anode anschließend durch eine Öffnung von $d = 0{,}15$ mm Durchmesser.

a) Berechnen Sie die Geschwindigkeit v der Elektronen im Strahl.
[Zwischenergebnis: $v \approx 2{,}1 \cdot 10^7 \; \frac{m}{s}$] 3

b) Berechnen Sie den Impuls p der Elektronen im Strahl sowie die Impulsunschärfe $\Delta p$ senkrecht dazu. 5

c) Das Verhältnis $\frac{\Delta p}{p}$ bezeichnet man als relative Impulsunschärfe.
Bestimmen Sie die relative Impulsunschärfe für diesen Fall und den Ablenkwinkel φ, den die Elektronen aufgrund der Unschärfe haben können. Welche Rolle spielt die Unschärfe bei der Verwendung dieses Oszilloskops? 4

Die Beschleunigungsspannung U und der Öffnungsdurchmesser d der Anode sollen nun so verändert werden, dass die Unschärfe sehr wohl eine Rolle spielt und nicht vernachlässigt werden kann.

d) Beschreiben Sie qualitativ, wie dazu U und d grundsätzlich variiert werden müssen. 4

Niels Bohr hat ein Atommodell mit bestimmten Elektronenbahnen um den Kern (beispielsweise $r \approx 1{,}4 \cdot 10^{-15}\ \text{m} = \Delta x$ beim Wasserstoffatom) vorgeschlagen. Ein Gegenargument gegen das Modell war die Tatsache, dass beschleunigte Ladungen bekanntlich Energie abstrahlen und dadurch die negativ geladenen Elektronen in den positiv geladenen Kern trudeln müssten.

e) Zeigen Sie durch Rechnung, dass die heisenbergsche Unschärferelation dies verbietet. 5

Freistoß beim Fußballspiel: Ein Stürmer schießt den 400 g schweren Ball durch die 1,0 m breite Lücke in der Abwehrmauer mit $v = 35\ \frac{\text{m}}{\text{s}}$ auf das Tor und trifft. Der Torhüter behauptet, er habe den Impuls und damit die Flugrichtung nicht exakt genug abschätzen können und den Ball deswegen „unschärfebedingt“ nicht halten können.

f) Berechnen Sie die Impulsunschärfe in diesem Fall und beurteilen Sie die Begründung des Torhüters. 6

Im linearen Potenzialtopf der Länge L mit unendlich hohen Wänden kann die kinetische Energie des Elektrons im Grundzustand nicht null sein.

g) Begründen Sie das mit der heisenbergschen Unschärferelation. 5

**3** Erklären Sie den Begriff Tunneleffekt mithilfe des Potenzialtopfmodells und am Beispiel des Alphazerfalls. 6

## Hinweise und Tipps

**1** a) Beachten Sie die Ränder und die vorgegebene Anzahl von Knoten.

b) Denken Sie an den Zusammenhang zwischen Wellenfunktion und Aufenthaltswahrscheinlichkeit.

c) Wenn die Wände nicht unendlich hoch sind, gibt es eine kleine Aufenthaltswahrscheinlichkeit dort.

d) Betrachten Sie den Graphenverlauf außerhalb der Wände.

e) Denken Sie an die klassische Aufenthaltswahrscheinlichkeit im linearen Potenzialtopf.

**2** a)
- Rechnen Sie nichtrelativistisch.
- Setzen Sie die potenzielle und kinetische Energie der Elektronen gleich.

b)
- Berechnen Sie den klassischen Impuls.
- Setzen Sie die gegebenen und berechneten Werte in die Formel zur heisenbergschen Unschärferelation ein.

c) Impuls und Impulsunschärfe stehen senkrecht aufeinander, sodass Sie aus dem Verhältnis der relativen Impulsunschärfe den Tangens des Winkels berechnen können.

d) Überlegen Sie sich die Abhängigkeit von $\Delta p$ und p von der Spannung $U_B$ und dem Durchmesser d.

e) Verwenden Sie die angegebene Ortsunschärfe r und schätzen Sie die Geschwindigkeitsunschärfe ab.

f) Berechnen Sie die relative Impulsunschärfe.

g) Gehen Sie bei Ihren Überlegungen von einem Grundzustand ohne Bewegungsenergie, also mit Geschwindigkeit null, aus.

**3**
- Beim Tunneleffekt ist die Wand des Potenzialtopfs endlich hoch und endlich dick.
- Beim Alphazerfall verlässt ein Heliumkern den Mutterkern.

# Lösung

**1** a) 8 Minuten,
Mögliche Lösung:

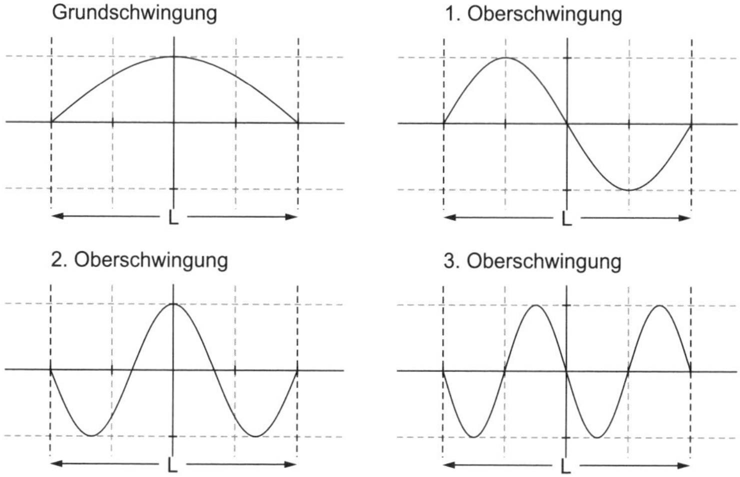


8

Hinweise zur Zeichnung:

- An der Potenzialtopfwand sind immer Knoten der Schwingung.
- Die Grundschwingung ist eine Kosinusfunktion mit der Periode 2L.
- Die 1. Oberschwingung hat die Funktion: $y(x) = -\sin\left(\frac{2\pi \cdot x}{2L}\right)$

b) 6 Minuten,
Mögliche Lösung:

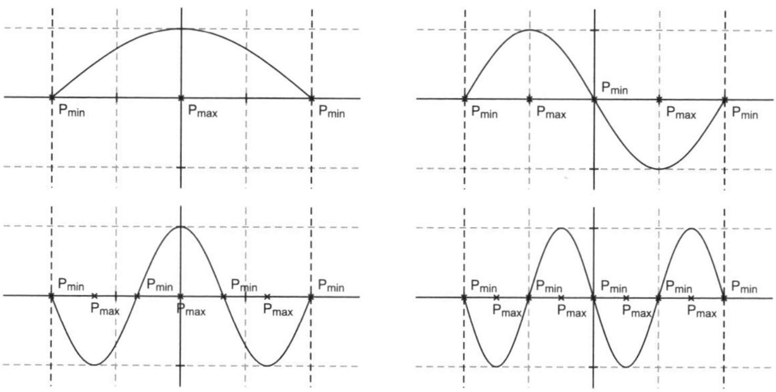


8

Hinweis zur Zeichnung:
Die Aufenthaltswahrscheinlichkeit ist immer dann maximal, wenn die Amplitude der Schwingungsfunktion den größten Betrag hat.

c) 6 Minuten,

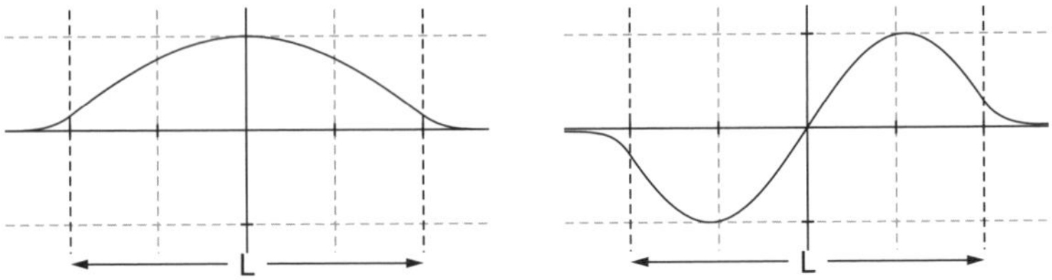


6

Hinweise zur Zeichnung:
- Der Potenzialtopf hat die Länge L.
- Die Aufenthaltswahrscheinlichkeit an den Potenzialtopfwänden ist nicht null.
- Sie ist an den Wänden aber klein und strebt in der Wand gegen null.

d) 4 Minuten,
Die Wellenfunktionen eines Potenzialtopfs mit endlich hohen Wänden haben an der Stelle der Wände einen von null unterschiedlichen Wert, d. h., die Aufenthaltswahrscheinlichkeit für das Elektron ist ungleich 1
null. Je weiter man „in die Wände hineingeht“, desto kleiner wird die Aufenthaltswahrscheinlichkeit; mit zunehmender Wandtiefe streben die Werte gegen null. 1
Der abgebildete Graph erfüllt diese Eigenschaften nicht, da die Werte in der Wand größer werden. 2

e) 6 Minuten,
Der Graph der Wellenfunktion bei endlicher Topfwandhöhe schmiegt sich außerhalb von L dem Wert null an und die Aufenthaltswahrscheinlichkeit des Elektrons in der Wand ist minimal, aber nicht null. 4
Nach der klassischen Vorstellung ist die Aufenthaltswahrscheinlichkeit anders: 100 % im Bereich L und null außerhalb. 2

**2** a) 5 Minuten,

Der Energieansatz liefert $\frac{1}{2}m \cdot v^2 = e \cdot U_B$ und damit:

$$v = \sqrt{\frac{2e \cdot U_B}{m}}$$

$$= \sqrt{\frac{2 \cdot 1{,}6 \cdot 10^{-19}\,\text{As} \cdot 1{,}2 \cdot 10^3\,\text{V}}{9{,}11 \cdot 10^{-31}\,\text{kg}}} \approx 2{,}1 \cdot 10^7\,\frac{\text{m}}{\text{s}}$$ 3

b) 5 Minuten,

Der Impuls in Bewegungsrichtung beträgt:

$$p = m \cdot v$$
$$= 9{,}11 \cdot 10^{-31}\,\text{kg} \cdot 2{,}1 \cdot 10^7\,\frac{\text{m}}{\text{s}} \approx 1{,}9 \cdot 10^{-23}\,\text{Ns}$$

Die Impulsunschärfe senkrecht dazu ist dann wegen $\Delta p \cdot \Delta x \geq \frac{h}{4\pi}$ und $\Delta x = 0{,}15 \cdot 10^{-3}\,\text{m}$ mindestens:

$$\Delta p \geq \frac{h}{4\pi \cdot \Delta x} = \frac{6{,}63 \cdot 10^{-34}\,\text{Js}}{4\pi \cdot 0{,}15 \cdot 10^{-3}\,\text{m}} \approx 3{,}52 \cdot 10^{-31}\,\text{Ns}$$ 5

c) 5 Minuten,

Die relative Impulsunschärfe liefert gerade den Tangens des Ablenkwinkels, also ist:

$$\tan\varphi = \frac{\Delta p}{p} = \frac{3{,}52 \cdot 10^{-31}\,\text{Ns}}{1{,}9 \cdot 10^{-23}\,\text{Ns}} \approx 1{,}9 \cdot 10^{-8}$$

$$\varphi \approx \left(1{,}1 \cdot 10^{-6}\right)^\circ$$

Die Unschärfe spielt hier also keine Rolle. 4

d) 5 Minuten,

(1) Wird U verringert, so auch v und damit p (vergleiche Formel bei Aufgabe 2 a).

(2) Werden d und damit die Ortsunschärfe verkleinert, dann wird die Impulsunschärfe größer.

Die relative Impulsunschärfe $\frac{\Delta p}{p}$ wächst also, wenn der Zähler vergrößert (1) und/oder der Nenner verkleinert wird (2). 4

e) 5 Minuten,
Mit der Ortsunschärfe $r \approx 1{,}4 \cdot 10^{-15}\ \text{m} = \Delta x$ ergibt sich für die Geschwindigkeitsunschärfe:

$$\Delta v \geq \frac{h}{4\pi \cdot m \cdot \Delta x} = \frac{6{,}63 \cdot 10^{-34}\ \text{Js}}{4\pi \cdot 9{,}11 \cdot 10^{-31}\ \text{kg} \cdot 1{,}4 \cdot 10^{-15}\ \text{m}}$$

$$\approx 4{,}1 \cdot 10^{10}\ \frac{\text{m}}{\text{s}} \approx 140 \cdot c$$

Der Impuls des Elektrons würde also nach dieser Abschätzung in Kernnähe unrealistisch stark anwachsen und das Elektron vom Kern wegfliegen lassen. 5

f) 6 Minuten,
Bei einer Ortsunschärfe von $\Delta x = 1{,}0\ \text{m}$ ergibt sich eine Impulsunschärfe $\Delta p$ senkrecht zur Flugrichtung von mindestens:

$$\Delta p = \frac{h}{4\pi \cdot \Delta x}$$

$$= \frac{6{,}63 \cdot 10^{-34}\ \text{Js}}{4\pi \cdot 1{,}0\ \text{m}} \approx 5{,}3 \cdot 10^{-35}\ \text{Ns}$$ 3

Das ist beim Gesamtimpuls von

$$p = m \cdot v = 0{,}400\ \text{kg} \cdot 35\ \frac{\text{m}}{\text{s}} = 14\ \text{Ns}$$

nur etwa $\frac{\Delta p}{p} \approx 3{,}8 \cdot 10^{-36}$ und macht also fast nichts aus.
Die Begründung des Torwarts ist eine schlechte Ausrede. 3

g) 4 Minuten,
Wäre die kinetische Energie null, dann wäre auch die Impulsunschärfe $\Delta p = 0$ und das wäre ein Widerspruch gegen die heisenbergsche Unschärferelation. 5

**3** 5 Minuten,
Ist der Potenzialwall am Rand des Modelltopfes endlich hoch und endlich dick, können Teilchen (trotz geringerer Energie als die „Wallhöhe") durch den Wall „hindurchtunneln", d. h., es gibt auch außerhalb des Topfes eine von null verschiedene Aufenthaltswahrscheinlichkeit. 2
Ein typisches Beispiel hierfür ist der Alphazerfall. Der Heliumkern hat dabei eine größere Wahrscheinlichkeit, den Mutterkern zu verlassen, als die einzelnen Neutronen bzw. Protonen, weil bei der Bildung des Heliumkerns aus Protonen und Neutronen Energie frei wird. 4

# Klausur 14

BE

**1** Als Fotoeffekt bezeichnet man die Veränderung der Anzahl elementarer Ladungsträger in einem Stoff durch die Bestrahlung mit Licht. Beim inneren Fotoeffekt werden in einem Halbleiter durch Photonenabsorption Valenzelektronen in energetisch höher gelegene Energieniveaus angeregt, die zum sogenannten Leitungsband zusammengefasst werden. Die für ein Halbleitermaterial charakteristische Energiedifferenz zwischen dem höchstliegenden Valenzzustand und dem Leitungsband wird Bandlücke $W_g$ genannt.
Nur im Leitungsband sind die Elektronen frei beweglich und können zur elektrischen Leitfähigkeit des Stoffes beitragen und auch Strahlungsenergie absorbieren.

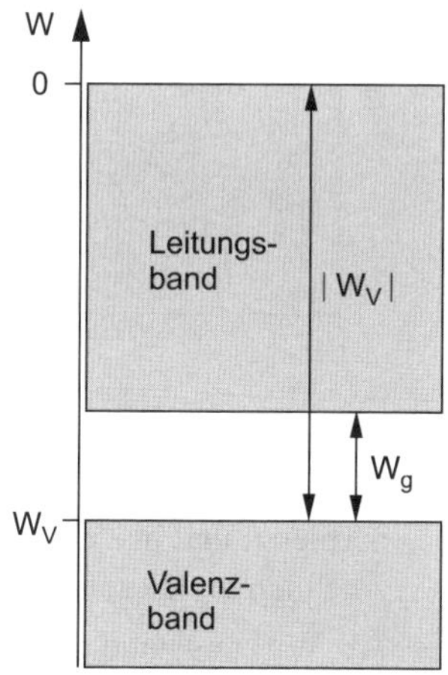


a) Der Halbleiter Silizium besitzt eine Bandlücke $W_g = 1{,}12$ eV und die Valenzbandkante liegt bei $W_V \approx -5{,}1$ eV. Eine Solarzelle wird mit Licht im Energiebereich von $0{,}8\text{ eV} < W_{Ph} < 6{,}5\text{ eV}$ bestrahlt. Es wird angenommen, dass nur Elektronen aus Zuständen nahe der Valenzbandkante durch das Licht angeregt werden. Stellen Sie die kinetische Energie der aus dem Halbleiter ausgetretenen Fotoelektronen in Abhängigkeit von der Bestrahlungsenergie in einem Diagramm dar. 4

b) Begründen Sie, warum Sie im Bereich $W < W_V$ die kinetische Energie der Fotoelektronen nicht messen können. 3

c) In dem Schaubild ist das Wellenlängenspektrum des Sonnenlichts auf der Erde dargestellt. Zum Vergleich ist auch das Spektrum dargestellt, das von einem einige Hundert Kilometer über der Erdoberfläche kreisenden Satelliten aufgenommen wurde.
Beschreiben Sie wesentliche Unterschiede zwischen den beiden Spektren und nennen Sie Gründe, die für diese Unterschiede infrage kommen.

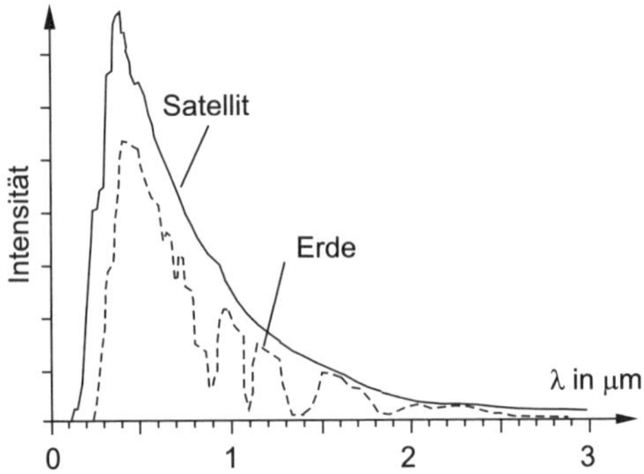


6

d) Bestimmen Sie den Wellenlängenbereich des Sonnenspektrums, in dem eine Solarzelle aus kristallinem Silizium Strahlungsenergie absorbieren und in elektrische Energie umwandeln kann, und kennzeichnen Sie diesen Bereich im Diagramm aus Teilaufgabe c. 11

e) Als Wirkungsgrad einer Solarzelle wird das Verhältnis aus abgegebener elektrischer Leistung zur einfallenden Strahlungsleistung bezeichnet. Wird amorphes (= nicht kristallines) Silizium mit Wasserstoff angereichert, lässt es sich verhältnismäßig billig als Solarzellenmaterial nutzen. Dabei ist jedoch die Energiebandlücke mit $W_g \approx 1{,}7$ eV größer als beim kristallinen Silizium. Zeigen Sie, dass der Wirkungsgrad geringer ist, indem Sie den Absorptionsbereich des amorphen Siliziums berechnen und mit dem Ergebnis in Teilaufgabe d vergleichen. 4

f) Die Forscher W. Shockley und H. J. Queisser fanden 1960 heraus, dass beleuchtete Solarzellen aus Silizium selbst Licht aussenden. Erklären Sie qualitativ, wie das von den Forschern beobachtete Licht entsteht. Denken Sie dabei an die Wechselwirkung zwischen Licht und einem einzelnen Atom. Erklären Sie, warum das ausgesendete Licht den Wirkungsgrad einer Solarzelle verringert. 5

**2** In einer mit Heliumgas gefüllten Gasentladungsröhre befinden sich He-Ionen und neutrale He-Atome. Mit einem Gitterspektrometer wird die von der Entladung ausgehende optische Strahlung untersucht.

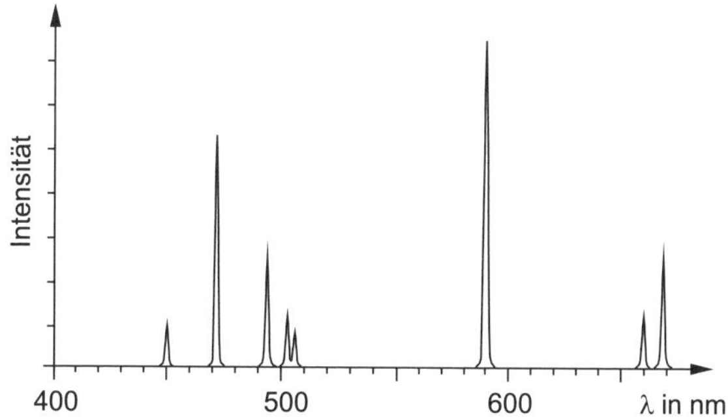


Im Bild ist ein typisches Wellenlängenspektrum dargestellt.

a) Erklären Sie, wie die scharfen Intensitätsmaxima in dem Spektrum zustande kommen. 6

b) Das $He^+$-Ion besitzt ein Elektron und hat die Kernladungszahl $Z=2$. Zeichnen und berechnen Sie ausgehend vom bohrschen Atommodell für das Wasserstoffatom ein Energieniveauschema für ein $He^+$-Ion für die Quantenzahlen n mit $2 \leq n \leq 6$. 7

c) Geben Sie einen Grund dafür an, warum Sie das Verfahren, das Sie zur Berechnung der Energieniveaus verwendet haben, nicht auf die Energiezustände in einem (neutralen) He-Atom anwenden können. 3

d) Entscheiden Sie mithilfe des Ergebnisses aus Teilaufgabe b, welche der Intensitätsmaxima im abgebildeten Spektrum von $He^+$-Ionen stammen können. Benennen Sie diese Übergänge durch Angabe der jeweiligen Wellenlänge. Warum brauchen Sie den energetischen Grundzustand ($n=1$) in Ihre Überlegungen nicht miteinzubeziehen? 13

**3** In der Tabelle sind verschiedene Energieniveaus des Valenzelektrons in einem Lithiumatom sowie die Grundzustandsenergie des Wasserstoffatoms angegeben. Bestimmen Sie die fehlenden Energiewerte für das H-Atom und tragen Sie diese in die Tabelle ein. Geben Sie für einen Energiewert einen Rechenweg an. Vergleichen Sie die Energieniveaus der beiden Atomsorten. Erklären Sie Ihre Beobachtungen.

| Hauptquantenzahl | n = 1 | n = 2 | n = 3 | n = 4 | n = 5 |
|---|---|---|---|---|---|
| H | –13,6 | | | | |
| Li (p-Zustände) | | –3,55 | –1,56 | –0,87 | –0,55 |

8

## Hinweise und Tipps

**1** a) • Orientieren Sie sich an der Energiebilanz von Fotoelektronen, die aus einer Metalloberfläche ins Vakuum austreten.
• Welche Austrittsarbeit ist in dem Halbleiter nötig?

b) Was für ein Feld ist nötig, damit die Fotoelektronen nicht an der Anode ankommen?

c) • Denken Sie daran, dass das Sonnenlicht die Erdatmosphäre durchqueren muss.
• Erinnern Sie sich an elementare Prozesse der Wechselwirkung von Licht mit verschiedenen Stoffen.
• Denken Sie z. B. an die Entstehung von Spiegelbildern oder an die Erwärmung von Körpern, wenn sie der Sonnenstrahlung ausgesetzt sind.

d) • Gehen Sie von den unter Teilaufgabe a angegebenen charakteristischen Energiewerten für Silizium aus.
• Rechnen Sie die Energiewerte in Wellenlängen um.

e) Welches Ergebnis erwarten Sie, wenn Sie Teilaufgabe d für eine Zelle aus amorphem Silizium lösen?

f) • Betrachten Sie im Falle eines einzelnen Atoms die Emission von Licht als Quantenübergang.
• Elektronen können nur elektrische Energie transportieren, wenn sie einen Zustand im Leitungsband besetzen.

**2** a) • Gehen Sie davon aus, dass Gasatome durch Stöße in energetisch angeregte Zustände versetzt werden.
• Stellen Sie eine Beziehung zwischen den beobachteten Strahlungswellenlängen und den Energieniveaus der Elektronen in den Gasatomen her.

b) • Was ist die Kernladungszahl eines Wasserstoffatoms?
• Wie berechnet man die Energieniveaus des Wasserstoffatoms?
• Was ändert sich in der Formel, wenn man die Energieniveaus für $He^+$-Ionen berechnen will?

c) • Berücksichtigen Sie, dass das He-Atom zwei Elektronen besitzt.
• Die zwei Elektronen wechselwirken aufgrund ihrer Ladung miteinander.

d) • Bestimmen Sie zuerst aus dem Wellenlängenspektrum das Energieintervall, in dem die Quantenübergänge im $He^+$-Termschema liegen.
- Welche Übergänge zwischen den Energieniveaus (siehe Teilaufgabe b) liegen in dem berechneten Bereich?
- Bestimmen Sie die Wellenlänge der gefundenen Übergänge.
- Um zu entscheiden, warum der Grundzustand nicht wichtig ist, berechnen Sie die Grundzustandsenergie des $He^+$-Ions nach der Formel aus Teilaufgabe b.

**3** • Die Energieniveaus des Wasserstoffatoms für die Tabelle berechnen Sie nach der Formel für das bohrsche Atommodell (siehe Teilaufgabe 2b).
- Vergleichen Sie die Werte in der Tabelle.
- Für die Erklärung überlegen Sie, wie die Elektronen im Li-Atom nach dem bohrschen Atommodell angeordnet sind. Welche Schalen besetzen die Elektronen im Grundzustand?
- Denken Sie an die Abschirmung der Kernladung durch die beiden inneren Elektronen.

## Lösung

**1** a) 5 Minuten,

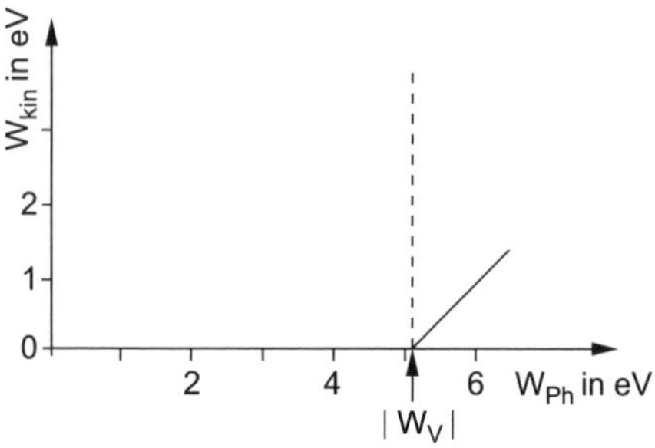


4

Hinweise zur Zeichnung:
- Achsen beschriften und skalieren.
- Lineare Energiezunahme mit $W_{Ph}$.
- Fotoelektronen treten erst oberhalb von $W_{Ph} = | W_V |$ aus dem Halbleiter aus.

b) 3 Minuten,
Für Photonenenergien im Intervall $W_{Ph} > 5{,}1$ eV kann die kinetische Energie der Fotoelektronen experimentell mit einem Gegenfeld-analysator bestimmt werden. 1
Man legt dazu zwischen Kathode und Anode eine Gegenspannung und erhöht allmählich ihren Betrag. Der Fotostrom nimmt dabei ab und wird schließlich null, denn auch die schnellsten der ausgelösten Fotoelektronen können die Gegenspannung nicht mehr überwinden. 2

c) 6 Minuten, /
Unterschiede:
(a) Das auf der Erde aufgenommene Spektrum besitzt insgesamt eine deutlich geringere Intensität. 1
(b) In bestimmten schmalen Wellenlängenintervallen ist die Intensität der auf der Erde aufgenommenen Spektren besonders gering – z. B. im Intervall $0{,}8\ \mu m < \lambda < 0{,}95\ \mu m$. 1

Ursachen:
Die Strahlungsintensität an der Erdoberfläche wird im Vergleich zum Satellitenstandort durch Reflexion und Absorption in der Erdatmosphäre reduziert. 2

Reflexion der Sonnenstrahlung erfolgt vor allem an Wassertröpfchen, Absorption erfolgt an Wasserdampf-, Ozon- und Kohlendioxidmolekülen, sodass bestimmte Wellenlängen herausgefiltert werden und nicht an der Erdoberfläche messbar sind. 2

d) 10 Minuten,
Energie-Wellenlänge-Beziehung:

$$W_{ph} = h \cdot \frac{c}{\lambda}$$ 1

Bestimmung der langwelligen Grenze:

$$\lambda_{max} = h \cdot \frac{c}{W_{min}} = h \cdot \frac{c}{W_g}$$ 1

$$\approx 6{,}626 \cdot 10^{-34}\,\text{Js} \cdot \frac{3 \cdot 10^8\,\frac{\text{m}}{\text{s}}}{1{,}12\,\text{eV}}$$ 1

$$\lambda_{max} \approx \frac{6{,}626 \cdot 3}{1{,}12 \cdot 1{,}6} \cdot \frac{10^{-34} \cdot 10^8}{10^{-19}} \cdot \frac{\text{J} \cdot \text{s} \cdot \text{m}}{\text{J} \cdot \text{s}} \approx 1{,}1 \cdot 10^{-6}\,\text{m} = 1{,}1\,\mu\text{m}$$ 2

Bestimmung der kurzwelligen Grenze:

$$\lambda_{min} = h \cdot \frac{c}{W_{max}} = h \cdot \frac{c}{|W_V|}$$ 1

$$= 6{,}626 \cdot 10^{-34}\,\text{Js} \cdot \frac{3 \cdot 10^8\,\frac{\text{m}}{\text{s}}}{5{,}1 \cdot 1{,}6 \cdot 10^{-19}\,\text{J}}$$ 1

$$= 2{,}4 \cdot 10^{-7}\,\text{m} = 0{,}24\,\mu\text{m}$$ 2

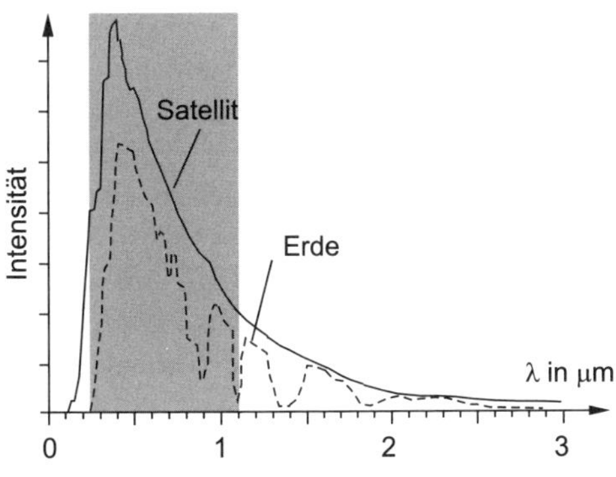


2

e) 4 Minuten,
Mit $W_g = 1{,}7$ eV verschiebt sich die langwellige Grenze der vom Material absorbierten Strahlung im Vergleich zum kristallinen Silizium nach:

$$\lambda_{max} = h \cdot \frac{c}{W_{min}} = h \cdot \frac{c}{W_g}$$

$$\lambda_{max} \approx \frac{6{,}626 \cdot 3}{1{,}7 \cdot 1{,}6} \cdot \frac{10^{-34} \cdot 10^{8}}{10^{-19}}\,\text{m} \approx 0{,}73\,\mu\text{m}$$ 2

Da im Vergleich zum kristallinen Silizium Sonnenstrahlung mit $0{,}73\ \mu m < \lambda < 1{,}1\ \mu m$ nicht in elektrische Energie umgewandelt werden kann, ist der Wirkungsgrad der Zellen aus amorphem Silizium also geringer. 2

f) 5 Minuten, /
Elektronen im Silizium können nach der Anregung aus einem energetisch höheren Zustand im Leitungsband in einen energetisch tiefer liegenden Zustand im Valenzband zurückfallen und dabei Energie in Form von Licht in die Umgebung aussenden. 2
Das in dieser Weise aus dem Leitungsband entfernte Elektron kann nicht mehr zum Fotostrom beitragen, obwohl es zuvor Strahlungsenergie aus dem Sonnenspektrum absorbiert hat. Somit wird der Wirkungsgrad einer Solarzelle durch den beschriebenen Prozess verringert. 3

**2** a) 6 Minuten,
Die Gasteilchen werden durch schnelle Elektronen angestoßen, die in der Röhre durch eine Hochspannung beschleunigt werden. 1
Dabei können die Hüllenelektronen des Heliums Energie absorbieren und auf höhere Energieniveaus springen. 2
In einem energetisch höheren Niveau verbleiben Elektronen nur kurz. Beim Zurückfallen eines Elektrons auf ein tiefer liegendes Niveau strahlt das Teilchen die Energiemenge ab, die der Differenz zwischen den beiden Energieniveaus entspricht. Die abgestrahlte Energie wird als Lichtquant (Photon) frei, dem man eine diskrete Wellenlänge zuordnen kann. 2
Diese Lichtquanten sind in dem Spektrum aufgezeichnet. 1

b) 8 Minuten, /

Da das $He^+$-Ion nur ein Elektron besitzt, kann die Lage seiner Energieniveaus nach der bohrschen Atomvorstellung berechnet werden, wenn die Kernladungszahl $Z = 2$ für das $He^+$-Ion berücksichtigt wird:

$$W_n = -W_R \cdot \frac{Z^2}{n^2},$$ 2

mit $n = 1, 2, 3, \ldots$ für die Quantenzahl und $W_R = 13{,}6$ eV für die Ionisierungsenergie des H-Atoms.

$$W_2 \approx -13{,}6\,\text{eV} \cdot \frac{2^2}{2^2} = -13{,}6\,\text{eV} \qquad W_3 \approx -13{,}6\,\text{eV} \cdot \frac{2^2}{3^2} = -6{,}04\,\text{eV}$$

$$W_4 \approx -13{,}6\,\text{eV} \cdot \frac{2^2}{4^2} = -3{,}4\,\text{eV} \qquad W_5 \approx -2{,}18\,\text{eV}$$

$$W_6 \approx -1{,}51\,\text{eV}$$ 2,5

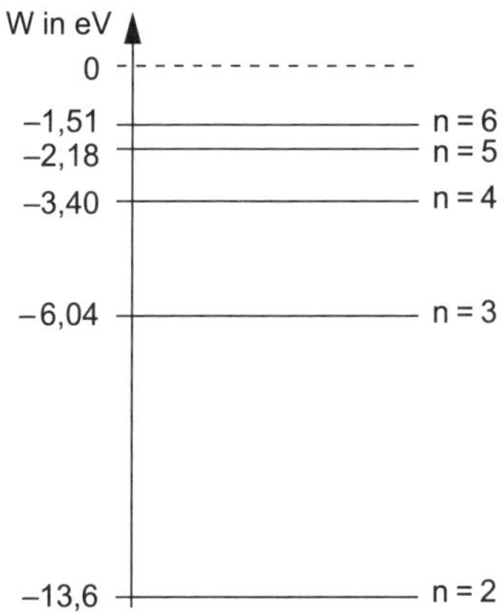


2,5

Hinweise zur Zeichnung:

- Als Bezugsniveau wird $E = 0$ gewählt. Die Bindungsenergien sind als negative Werte einzuzeichnen.
- Die Lagen der Niveaus wird maßstäblich eingezeichnet.

c) 3 Minuten, /

Im neutralen He-Atom wird die Elektronenhülle aus zwei Elektronen gebildet. 1

Die abstoßende elektrische Wechselwirkung der beiden Elektronen führt zu einer Verringerung der Bindung jedes einzelnen Elektrons an das Atom und damit zu einer Anhebung der einzelnen Energieniveaus im Vergleich zum $He^+$-Ion. 2

d) 12 Minuten,

Es sind nur Quantenübergänge zu betrachten, die zu Strahlung im Wellenlängenbereich $440\text{ nm} < \lambda < 680\text{ nm}$ führen, da nur dieser Bereich im Spektrum dargestellt ist. Berechnung des zugehörigen Energiebereichs: 1

$$\Delta W_{min} = h \cdot \frac{c}{\lambda_{max}} \approx 6{,}626 \cdot 10^{-34}\text{ Js} \cdot \frac{3{,}00 \cdot 10^8\ \frac{\text{m}}{\text{s}}}{680 \cdot 10^{-9}\text{ m}}$$ 1

$$= 2{,}92 \cdot 10^{-19}\text{ J} \approx \frac{2{,}92 \cdot 10^{-19}}{1{,}6 \cdot 10^{-19}}\text{ eV} \approx 1{,}83\text{ eV}$$ 1

$$\Delta W_{max} = \Delta W_{min} \cdot \frac{\lambda_{max}}{\lambda_{min}} = 1{,}83\text{ eV} \cdot \frac{680}{440} \approx 2{,}83\text{ eV}$$ 2

Mithilfe der Ergebnisse aus Teilaufgabe b erkennt man, dass im Energieintervall $1{,}83\text{ eV} < \Delta W < 2{,}83\text{ eV}$ zwei Übergänge liegen:

$n = 6 \rightarrow n = 4,\quad \Delta W_{64} = -1{,}51\text{ eV} - (-3{,}40\text{ eV}) = 1{,}89\text{ eV}$ 1

$n = 4 \rightarrow n = 3,\quad \Delta W_{43} = -3{,}40\text{ eV} - (-6{,}04\text{ eV}) = 2{,}64\text{ eV}$ 1

Die zugehörigen Wellenlängen sind:

$$\lambda_{64} = \frac{\Delta W_{min}}{\Delta W_{64}} \cdot \lambda_{max} \approx \frac{1{,}83\text{ eV}}{1{,}89\text{ eV}} \cdot 680\text{ nm} \approx 658\text{ nm}$$ 2

$$\lambda_{43} = \frac{1{,}83\text{ eV}}{2{,}64\text{ eV}} \cdot 680\text{ nm} \approx 471\text{ nm}$$ 1

Der Grundzustand ($n = 1$) liegt nach der in Teilaufgabe b verwendeten Berechnungsformel bei:

$$W_n = -13{,}6\text{ eV} \cdot \frac{2^2}{1^2} = -54{,}4\text{ eV}$$

Damit ist er energetisch zu weit von den anderen Niveaus entfernt, um an Strahlungsübergängen im sichtbaren Bereich beteiligt zu sein. 2

**3** 8 Minuten, /

| Hauptquantenzahl | n = 1 | n = 2 | n = 3 | n = 4 | n = 5 | |
|---|---|---|---|---|---|---|
| H | –13,6 | **–3,40** | **–1,51** | **–0,85** | **–0,54** | |
| Li (p-Zustände) | / | –3,55 | –1,56 | –0,87 | –0,55 | 2 |

Energie im n-ten Quantenzustand:

$W_n = -W_R \cdot \frac{1}{n^2} \qquad W_2 = -13{,}6\ \text{eV} \cdot \frac{1}{2^2} = -3{,}40\ \text{eV}$ 2

Bei gleicher Hauptquantenzahl n weichen die Energieniveaus von H und
Li nur wenig voneinander ab. 1
Erklärung:
Der Kern des Lithiumatoms ist dreifach positiv geladen. Ein einzelnes
Valenzelektron besetzt einen Quantenzustand mit n = 2 und ist nach 1
der bohrschen Atomvorstellung außerhalb der Schale n = 1 lokalisiert. Die
beiden Elektronen im Quantenzustand n = 1 schirmen etwa zwei Kernla- 1
dungen des Li-Kerns ab. Somit sieht das Valenzelektron mit n = 2 effektiv
nur die elektrostatische Kraft einer einzigen Kernladung – wie im Was- 1
serstoffatom. Deshalb sind die Energieniveaus sehr ähnlich.
1

# Klausuren zum Themenbereich 4

- Astrophysik
- Sonnensystem
- Großstrukturen im Weltall

# Klausur 15

BE

**1** Zwergplanet Makemake

Aufgrund der immer weiter optimierten Teleskope werden seit der Entdeckung der Umlaufbahn von Pluto immer wieder neue Kleinplaneten aufgespürt. So haben Brown, Trujillo und Rabinowitz am 31. März 2005 den Zwergplaneten 2005 FY9 – später Makemake benannt – entdeckt.

a) Was versteht man unter Zwergplaneten? Warum gilt heute selbst Pluto nicht mehr als Planet? 4

Makemake hat eine große Halbachse von 45,7 AE, im Perihel ist er 38,5 AE von der Sonne entfernt.

b) Berechnen Sie die siderische Umlaufzeit von Makemake in Jahren. 4

c) Wann sieht das Hubble Space Telescope (HST) in den nach 2006 folgenden Jahren Makemake wieder am gleichen Ort wie zum Zeitpunkt der Aufnahme vom 20. 11. 2006? Begründen Sie Ihre Meinung. 4

d) Berechnen Sie die Aphelentfernung von Makemake sowie seine numerische Exzentrizität. Stellen Sie die auftretenden Zusammenhänge anhand einer Zeichnung dar (ohne Maßstab). 11

e) Welche Bahngeschwindigkeit besitzt Makemake im Perihel? 5

f) Fertigen Sie eine maßstabsgetreue Zeichnung der Bahnen von Makemake und Neptun an. Geben Sie Ihren verwendeten Maßstab an. Die benötigten Daten von Neptun entnehmen Sie Ihrer Formelsammlung. Für die Umlaufbahn von Neptun können Sie eine Kreisbahn zeichnen. 4

Der Durchmesser des Zwergplaneten Makemake beträgt ca. 1 450 km, seine Dichte $1{,}7\ \frac{\text{g}}{\text{cm}^3}$.

g) Berechnen Sie unter der Annahme einer kugelförmigen Form die Masse des Zwergplaneten und vergleichen Sie dies mit der Masse unseres Mondes. 5

h) Zeigen Sie, dass Makemake im günstigsten Fall pro Quadratmeter und Sekunde eine Energie von $0{,}92\ \frac{\text{W}}{\text{m}^2}$ von der Sonne erhalten kann. 7

i) Welche Gleichgewichtstemperatur stellt sich auf Makemake mit dem Wert der Teilaufgabe h ein? Gehen Sie dabei davon aus, dass Makemake die ankommende Energie vollständig absorbiert und gleichmäßig über seine Oberfläche verteilt. 8

**2** Die Sonne

Die Aktivität der Sonne zeigt sich in der Anzahl der ausgebildeten Sonnenflecken.

a) Beschreiben Sie den Aufbau eines Sonnenfleckes anhand einer beschrifteten Zeichnung. 2

Die Abbildung zeigt die Veränderung der Anzahl der Sonnenflecken seit 1999.

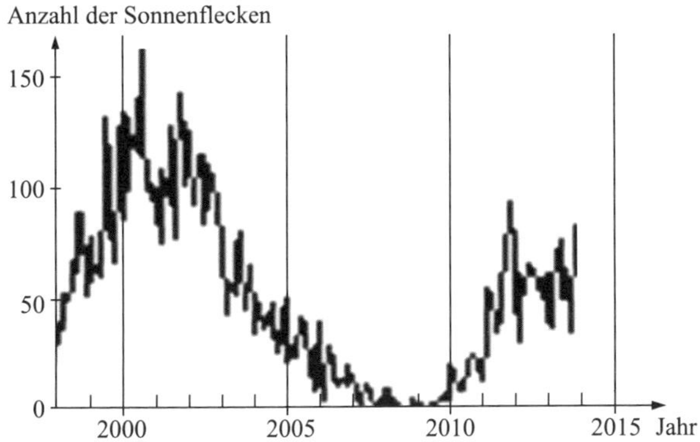


b) Interpretieren Sie dieses Diagramm. 4

Erscheinungen der Sonnenaktivität, die auf der Erde beobachtet werden können, sind die Polarlichter. Dabei kann man vorwiegend grünes Licht mit der Wellenlänge $\lambda = 557{,}7$ nm beobachten, das von angeregten Sauerstoffatomen emittiert wird.

c) Welche Geschwindigkeit müssen Elektronen des Sonnenwindes mindestens haben, damit sie das Sauerstoffatom zum grünen Leuchten anregen können? 7

d) Wie viele Stunden brauchen diese Elektronen von der Sonne bis zur Erde? 5

## Hinweise und Tipps

**1** a) • Durch was unterscheidet sich Pluto von den 8 Planeten unseres Sonnensystems?
• Denken Sie an seine Umlaufbahn und seine Masse.

b) Verwenden Sie das 3. keplersche Gesetz.

c) • Bedenken Sie, dass sich das HST auf einer festen Umlaufbahn um die Erde befindet.
• Wie lange dauert es, bis Erde und Makemake wieder in gleicher Stellung zueinander sind?

d) • Fertigen Sie eine Skizze mit den notwendigen Entfernungen an.
• Zeichnen Sie Perihel- und Aphelentfernung, große Halbachse und lineare Exzentrizität ein.

e) Verwenden Sie die Formel für die Bahngeschwindigkeit auf der keplerschen Ellipse.

f) • Vergleichen Sie die notwendigen Größen der Körper und überlegen Sie, wie viele AE für einen cm sinnvoll anzusetzen sind.
• Beachten Sie, dass die Sonne im Brennpunkt der keplerschen Ellipse steht.

g) • Verwenden Sie den Zusammenhang für die Dichte eines Körpers.
• Achten Sie auf die Einheiten.

h) • Der günstigste Fall ist im Perihel.
• Denken Sie an die Berechnung der Solarkonstanten $S_{Erde}$ (siehe Formelsammlung).

i) • Die eingestrahlte Leistung wird mit der abgestrahlten gleichgesetzt.
• Betrachten Sie für die eingestrahlte Leistung Makemake als eine Scheibe mit dem Radius des Zwergplaneten.
• Für die abgestrahlte Leistung verwenden Sie das Gesetz nach Stefan und Boltzmann.

**2** a) Denken Sie an die verschieden strukturierten Bereiche.

b) Betrachten Sie die Beschriftung der Achsen.

c) • Welche Energie haben die entsprechenden Photonen?
• Vergleichen Sie dies mit der kinetischen Energie der Elektronen.

d) Gehen Sie von einer gleichförmigen Bewegung aus und verwenden Sie die Geschwindigkeit aus Teilaufgabe c.

## Lösung

**1** a) 4 Minuten,

Zwergplaneten sind eine von der Internationalen Astronomischen Union (IAU) im Jahr 2006 definierte Klasse von Himmelskörpern in unserem Planetensystem, die folgende Bedingungen erfüllen: 1

- Sie bewegen sich auf einer Umlaufbahn um die Sonne.
- Wie Planeten besitzen sie genügend Masse, um ein kugelförmiges Aussehen anzunehmen.
- Sie sind kein Mond.
- Im Unterschied zu Planeten haben sie ihre Umlaufbahnen aber nicht von anderen Objekten freigeräumt. 2

Pluto gehört zu den Zwergplaneten, da in seinem Umlaufbereich weitere Kleinkörper die Sonne umkreisen. 1

b) 4 Minuten,

Die siderische Umlaufzeit berechnet sich mithilfe des 3. keplerschen Gesetzes:

$$\frac{T^2}{a^3} = \text{const.}$$ 1

Zur Berechnung verwendet man am einfachsten die Daten der Erde:

$T = 1\text{ a}$ und $a = 1\text{ AE}$ 1

$$\frac{T^2}{(45{,}7\text{ AE})^3} = \frac{(1\text{ a})^2}{(1\text{ AE})^3}, \quad \text{also:} \quad T = \sqrt{45{,}7^3}\text{ a} = 309\text{ a}$$ 2

c) 5 Minuten,

Das HST wird Makemake am 21. 11. 2007, am 22. 11. 2008 … usw. wieder antreffen. 2

Die synodische Umlaufzeit von Makemake beträgt etwas mehr als ein Jahr (Differenz etwa ein Tag), da sich Makemake in einem Jahr nur unwesentlich im Vergleich zum Sternenhintergrund weiterbewegt, da die siderische Umlaufzeit sehr groß ist. 2

Mithilfe der Formel für die Umrechnung zwischen siderischer und synodischer Umlaufzeit erhält man:

$$\frac{1}{T_{sid,E}} = \frac{1}{T_{sid,M}} + \frac{1}{T_{syn}} \quad \Leftrightarrow \quad \frac{1}{T_{sid,M}} = \frac{308}{309\text{ a}} \Leftrightarrow \quad T_{sid,M} = 1{,}003\text{ a}$$

d) 10 Minuten,

Für den Zwergplaneten Makemake auf der elliptischen Bahn gilt:

$r_{Aphel} + r_{Perihel} = 2a$ 1

Damit erhält man:

$r_{Aphel} = 2a - r_{Perihel} = 2 \cdot 45{,}7\ AE - 38{,}5\ AE = 52{,}9\ AE$ 3

Die numerische Exzentrizität $\varepsilon$ berechnet man mithilfe des Zusammenhanges $\varepsilon = \frac{e}{a}$, wobei e die lineare Exzentrizität und a die große Halbachse ist.

Also wird zuerst e berechnet:

$e = a - r_{Perihel} = 45{,}7\ AE - 38{,}5\ AE = 7{,}2\ AE$ und damit: 3

$$\varepsilon = \frac{7{,}2\ AE}{45{,}7\ AE} = 0{,}16$$ 1

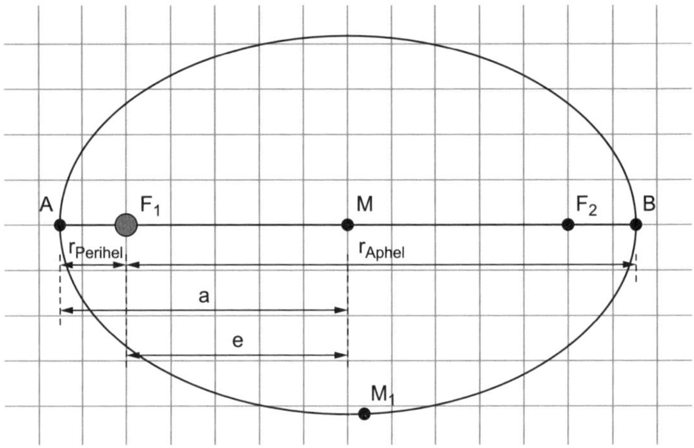


3

Hinweise zur Zeichnung:

- Ellipse mit dem Mittelpunkt M, den Brennpunkten $F_1$ und $F_2$.
- Maßstabtreues Einzeichnen der Größen $r_{Perihel}$, $r_{Aphel}$, a und e.

e) 5 Minuten,

Aus der Energiegleichung $W_{kin} = W_{ges} - W_{pot}$ lässt sich die Geschwindigkeit berechnen (Formelsammlung):

$$v = \sqrt{G \cdot M_{\odot} \cdot \left(\frac{2}{r} - \frac{1}{a}\right)}$$ 1

Dabei ist $G = 6{,}67 \cdot 10^{-11}\ m^3\ kg^{-1}\ s^{-2}$ die Gravitationskonstante, $M_{\odot} = 2{,}0 \cdot 10^{30}$ kg die Sonnenmasse, $a = 45{,}7$ AE $= 6{,}86 \cdot 10^{12}$ m die große Bahnhalbachse und $r = 38{,}5$ AE $= 5{,}78 \cdot 10^{12}$ m die Entfernung von der Sonne, in der die Geschwindigkeit berechnet werden soll. 1

$$v = \sqrt{6{,}67 \cdot 10^{-11} \frac{m^3}{kg \cdot s^2} \cdot 2{,}0 \cdot 10^{30}\ kg \cdot \left(\frac{2}{5{,}78 \cdot 10^{12}\ kg} - \frac{1}{6{,}86 \cdot 10^{12}\ m}\right)}$$

$$= \sqrt{2{,}67 \cdot 10^{7}\ \frac{m^2}{s^2}} = 5{,}2\ \frac{km}{s}$$ 2

f) 6 Minuten,

Verwendet wird ein Maßstab mit 10 AE = 0,5 cm. 1

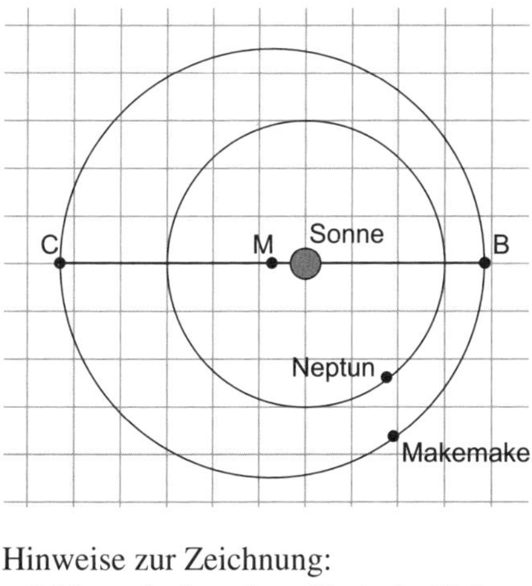


4

Hinweise zur Zeichnung:

- Makemake hat eine elliptische Bahn mit Mittelpunkt M.
- Die große Halbachse ist a = 45,7 AE, die Perihelentfernung beträgt 38,5 AE und die Aphelentfernung ist 52,9 AE lang. Für die kleine Halbachse b gilt: $b^2 = (45{,}7\ AE)^2 - (7{,}2\ AE)^2 \Leftrightarrow b = 45{,}1\ AE$.
- Neptun besitzt eine große Halbachse von 30 AE und seine Bahn wird laut Angabe kreisförmig gezeichnet.

g) 5 Minuten,

Der Durchmesser von Makemake beträgt D = 1 450 km, also gilt für R = 725 km = 725 · 10^4 dm. 1

Mit $\rho = \frac{m}{V}$ erhält man:

$$m_{Makemake} = \rho \cdot V = \rho \cdot \frac{4}{3}\pi \cdot R^3$$

$$= 1{,}7\,\frac{kg}{dm^3} \cdot \frac{4}{3}\pi \cdot (725 \cdot 10^4\ dm)^3 = 2{,}7 \cdot 10^{21}\ kg$$ 3

Vergleich mit der Mondmasse $m_{Mond} = 7{,}3 \cdot 10^{22}$ kg:

$$\frac{m_{Makemake}}{m_{Mond}} = 3{,}7\ \%$$ 1

h) 7 Minuten,

Die Solarkonstante S gibt den Betrag der Energie an, welche pro Quadratmeter und Sekunde bei der Erde von der Sonne ankommt.

$$S = 1{,}37 \cdot 10^3\,\frac{W}{m^2} = \frac{L}{4\pi \cdot (1\ AE)^2}$$ 1

Dabei ist L die Leuchtkraft der Sonne.

Für Makemake gilt:

$$S_{Makemake} = \frac{L}{4\pi \cdot (38{,}5\ AE)^2}$$ 1

Dividiert man $S_{Makemake}$ durch S, erhält man:

$$\frac{S_{Makemake}}{S} = \frac{\frac{L}{4\pi \cdot (38{,}5\ AE)^2}}{\frac{L}{4\pi \cdot (1\ AE)^2}} = \frac{1}{38{,}5^2} = 6{,}75 \cdot 10^{-4}$$ 3

Damit folgt:

$$S_{Makemake} = 6{,}75 \cdot 10^{-4} \cdot S$$

$$= 6{,}75 \cdot 10^{-4} \cdot 1{,}37 \cdot 10^3\,\frac{W}{m^2} = 0{,}92\,\frac{W}{m^2}$$ 2

Alternative Lösung mit $L_\odot$ aus Formelsammlung:

$$S_{Makemake} = \frac{L_\odot}{4\pi \cdot (38{,}5\ AE)^2}$$

$$= \frac{3{,}86 \cdot 10^{26}\ W}{4\pi \cdot (38{,}5 \cdot 150 \cdot 10^9\ m)^2} = 0{,}92\,\frac{W}{m^2}$$

i) 8 Minuten,

Zur Berechnung der mittleren Oberflächentemperatur gehen Sie davon aus, dass der Makemake die eingestrahlte Leistung aufgrund seiner Rotation um die eigene Achse gleichmäßig über seine Oberfläche verteilt und die gesamte von der Sonne ankommende Energie absorbiert. Für die aufgenommene Leistung $P_{auf}$ betrachten Sie eine Scheibe mit dem Radius des Zwergplaneten und verwenden die in Teilaufgabe h errechnete Solarkonstante.
Für die abgestrahlte Leistung $P_{ab}$ betrachten Sie das Gesetz von Stefan und Boltzmann mit der Oberfläche des Zwergplaneten.

Da die aufgenommene Leistung gleich der abgestrahlten ist, gilt der Ansatz $P_{auf} = P_{ab}$ mit 1

$P_{auf} = S_{MM} \cdot R_{MM}^2 \cdot \pi$ und 1

$P_{ab} = \sigma \cdot 4\pi \cdot R_{MM}^2 \cdot T^4$ 1

Eingesetzt erhält man:

$S_{MM} \cdot R_{MM}^2 \cdot \pi = \sigma \cdot 4 \cdot \pi \cdot R_{MM}^2 \cdot T^4$ 1

$S_{MM} = \sigma \cdot 4T^4$ 1

$T = \sqrt[4]{\frac{S_{MM}}{4 \cdot \sigma}}$ 1

$= \sqrt[4]{\frac{0{,}92\ \mathrm{W} \cdot \mathrm{K}^4 \cdot \mathrm{m}^2}{4 \cdot 5{,}67 \cdot 10^{-8}\ \mathrm{W} \cdot \mathrm{m}^2}} = 45\ \mathrm{K} = -228\ ^\circ\mathrm{C}$ 2

**2** a) 2 Minuten,

Ein Sonnenfleck besteht aus dem dunklen Kern, der „Umbra", der von einem helleren Hof umgeben ist, der „Penumbra". 2

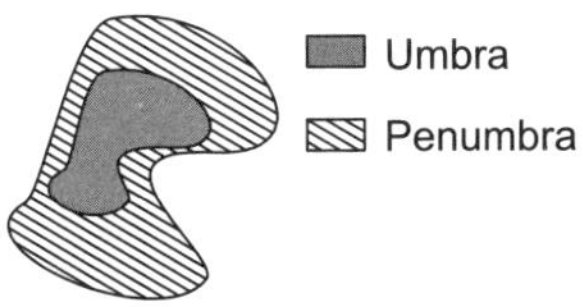


b) 3 Minuten,

Die Abbildung zeigt einen Teil des letzten Sonnenfleckenzyklus (bis 1
ca. 2009) sowie den Anstieg zum Maximum des derzeit laufenden 1
Sonnenfleckenzyklus. Das Maximum des letzten Zyklus war im Jahre 1
2001, sodass 2012 das nächste Maximum erwartet werden kann.
Offensichtlich fällt dieses Maximum niedriger aus als das letzte. 1

c) 7 Minuten,

Die Energie, welche zur Anregung dieser Linie nötig ist, beträgt:

$$E = h \cdot f = \frac{h \cdot c}{\lambda}$$ 1

$$= \frac{6{,}63 \cdot 10^{-34}\,\text{J} \cdot \text{s} \cdot 3{,}0 \cdot 10^{8}\,\frac{\text{m}}{\text{s}}}{557{,}7 \cdot 10^{-9}\,\text{m}} = 3{,}57 \cdot 10^{-19}\,\text{J}$$ 2

Die ankommenden Elektronen müssen also eine Mindestenergie von $3{,}57 \cdot 10^{-19}$ J haben, die in Form von kinetischer Energie vorliegt.

$$E_{kin} = \frac{1}{2} m \cdot v^2$$ 1

$$v = \sqrt{\frac{2E_{kin}}{m}}$$ 1

$$= \sqrt{\frac{2 \cdot 3{,}57 \cdot 10^{-19}\,\text{J}}{9{,}1 \cdot 10^{-31}\,\text{kg}}} = \sqrt{7{,}8 \cdot 10^{11}}\,\frac{\text{m}}{\text{s}} = 8{,}9 \cdot 10^{5}\,\frac{\text{m}}{\text{s}}.$$ 2

Somit haben die ankommenden Elektronen eine Mindestgeschwindigkeit von $8{,}9 \cdot 10^5\,\frac{\text{m}}{\text{s}}$.

d) 4 Minuten,

Der zurückzulegende Weg ist im Mittel 1 AE = 150 Millionen km. 1

Für eine gleichförmige Bewegung gilt:

$$v = \frac{\Delta s}{\Delta t}$$ 1

Aufgelöst nach der Zeit

$$\Delta t = \frac{\Delta s}{v}$$ 1

$$= \frac{1{,}5 \cdot 10^{11}\,\text{m}}{8{,}9 \cdot 10^{5}\,\frac{\text{m}}{\text{s}}} = 1{,}69 \cdot 10^{5}\,\text{s} = 46{,}8\,\text{h}$$ 2

# Klausur 16

BE

Reise durch die Milchstraße

**1** Im Zentrum

a) Beschreiben Sie den Aufbau unserer Galaxie anhand einer Zeichnung von der Seite. Geben Sie dabei die wichtigsten Entfernungen an. 8

Im Zentrum unserer Galaxie (SGR A) befindet sich ein Schwarzes Loch.

b) Was beschreibt der Begriff Schwarzes Loch in der Astronomie? 3

Zum Nachweis des Schwarzen Loches im Zentrum unserer Galaxie beobachtet man Sterne in der Nähe des Objektes. Der schnellste dieser Sterne ist das Objekt SO-102, das in der Abbildung dargestellt ist. Dieser Stern umkreist das galaktische Zentrum in 11,5 Jahren auf einer Bahn mit der großen Halbachse von 815 AE.

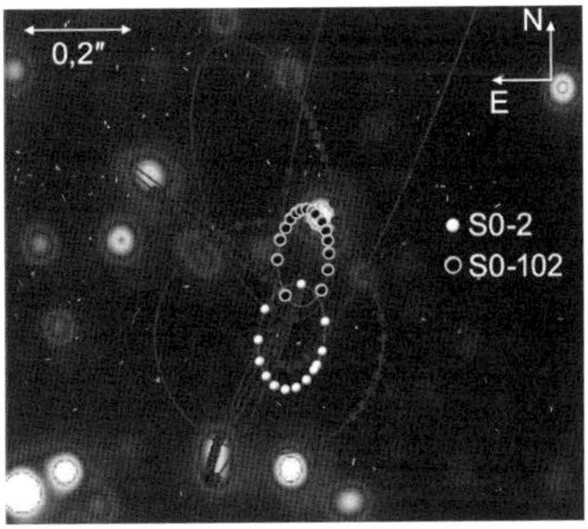


c) Berechnen Sie aus den angegebenen Daten die Masse des Schwarzen Loches in Sonnenmassen.
(Zum Vergleich: $M_{SL} = 4{,}1 \cdot 10^6\ M_{\odot}$) 5

d) Schätzen Sie rechnerisch die Bahngeschwindigkeit des Objektes ab, indem Sie die Halbachse als mittleren Bahnradius verwenden. Vergleichen Sie Ihr Ergebnis mit der Bahngeschwindigkeit der Erde um die Sonne. 5

Der Schwarzschildradius des Schwarzen Loches ist durch die Masse bestimmt.

e) Was beschreibt der Schwarzschildradius? 2

f) Berechnen Sie den Schwarzschildradius des Objektes in AE. Vergleichen Sie Ihren Wert mit dem der Umlaufbahn des Merkurs im Sonnensystem. 7

**2** Im Außenbereich der Galaxie befinden sich sogenannte Kugelsternhaufen.

a) Beschreiben Sie die wichtigsten Merkmale eines Kugelsternhaufens. Skizzieren Sie ein typisches HR-Diagramm eines Kugelsternhaufens (Spektralklasse oder Temperatur gegen Helligkeit). Beschreiben Sie weiter das wesentliche Merkmal eines solchen Diagramms für einen Kugelsternhaufen. 10

b) Mithilfe der Kugelsternhaufen hat H. Shapley erkannt, dass das Zentrum der Galaxie nicht die Sonne ist. Wie ist H. Shapley dabei vorgegangen? 3

c) Im Kugelsternhaufen M80 beobachtet man einen RR-Lyrae-Stern mit der scheinbaren Helligkeit von 15,3. Wie weit ist der Sternhaufen von uns entfernt? 5

**3** Spiralarme und Leben in der Galaxie
In 42 Lichtjahren Entfernung von uns findet man den Stern HD40307 im Sternbild Maler. Der Stern gehört der Spektralklasse K an und besitzt nur ein Fünftel der Sonnenleuchtkraft.

a) Berechnen Sie die absolute und die scheinbare Helligkeit von HD40307. Kann man HD40307 mit bloßem Auge beobachten? 8

b) Welche Masse (in Sonnenmassen) hat HD40307, wenn man davon ausgeht, dass HD40307 ein Hauptreihenstern ist? 3

Bei diesem Stern wurden bislang 6 Planeten nachgewiesen (vergleiche Tabelle):

| Planet (nach der Entfernung vom Zentralgestirn) | Masse (in $M_\odot$) | Umlaufzeit (in Tagen) | Große Halbachse (in AE) |
|---|---|---|---|
| HD40307 b | 0,0126 | 4,31 | 0,05 |
| HD40307 c | 0,0208 | 9,62 | 0,08 |
| HD40307 d | 0,0299 | 20,43 | 0,13 |
| HD40307 e | 0,011 | 34,62 | 0,19 |
| HD40307 f | 0,0164 | 51,76 | 0,25 |
| HD40307 g | 0,0223 | 197,8 | 0,6 |

c) Welcher der genannten Planeten könnte am ehesten in der sogenannten „habitablen Zone“ des Sternes zu finden sein? Für einen derartigen Planeten sollte die Solarkonstante in der Größenordnung derjenigen der Erde sein. Begründen Sie Ihre Auswahl durch eine geeignete Rechnung. 7

d) Die Planeten von HD40307 wurden mit der Radialgeschwindigkeitsmethode nachgewiesen. Beschreiben Sie die verwendete Methode. Welche wichtige Größe der Planeten lässt sich damit nicht ermitteln? 4

## Hinweise und Tipps

**1** a) • Fertigen Sie eine Zeichnung an.
• Vergessen Sie nicht den gesamten Durchmesser der Galaxie, sowie die Entfernung der Sonne zum galaktischen Zentrum anzugeben.

b) Die Bezeichnung kennzeichnet einen selbst für Licht fatalen Zustand im Universum.

c) • Verwenden Sie das 3. keplersche Gesetz.
• Wenn Sie die Gravitationskonstante geschickt umgehen wollen, verwenden Sie das Gesetz doppelt: Einmal für SO-102 und einmal für die Erde auf ihrer Bahn um die Sonne.

d) • Betrachten Sie eine gleichförmige Bewegung.
• Welchen Weg legt das Objekt in welcher Zeit auf der Kreisbahn zurück?
• Die Daten zur Erde befinden sich in der Formelsammlung.

e) Denken Sie an Teilaufgabe b.

f) • Bedenken Sie: Die Fluchtgeschwindigkeit muss so groß sein, dass selbst Licht nicht fliehen kann.
• Die Daten zum Merkur entnehmen Sie wieder Ihrer Formelsammlung.

**2** a) • Vergessen Sie bei der Beschreibung nicht die Anzahl der Sterne und den Durchmesser anzugeben.
• Denken Sie daran, dass Kugelsternhaufen zu den ältesten Objekten im Universum gehören.

b) Wo befindet sich von größeren Massenansammlungen das Zentrum?

c) • Bedenken Sie, dass alle RR-Lyrae-Sterne in etwa die gleiche absolute Helligkeit M haben.
• Verwenden Sie das Entfernungsmodul.

**3** a) • Über die Angabe der Leuchtkraft können Sie die absolute Helligkeit berechnen.
• Mithilfe des Entfernungsmoduls können Sie die scheinbare Helligkeit berechnen.
• Wo liegt nach Hipparch die Grenze der Sterne, die man mit bloßem Auge erkennen kann?

b) Welche Beziehung gilt für die Massen von Hauptreihensternen?

c) • Berechnen Sie die entsprechenden Solarkonstanten.
• Bedenken Sie, dass die habitable Zone je nach Alter des Sternes einen größeren Bereich ausfüllen kann.

d) Denken Sie an die Blickrichtung auf das Planetensystem.

## Lösung

**1** a) 9 Minuten,
Ansicht der Milchstraße von der Seite:

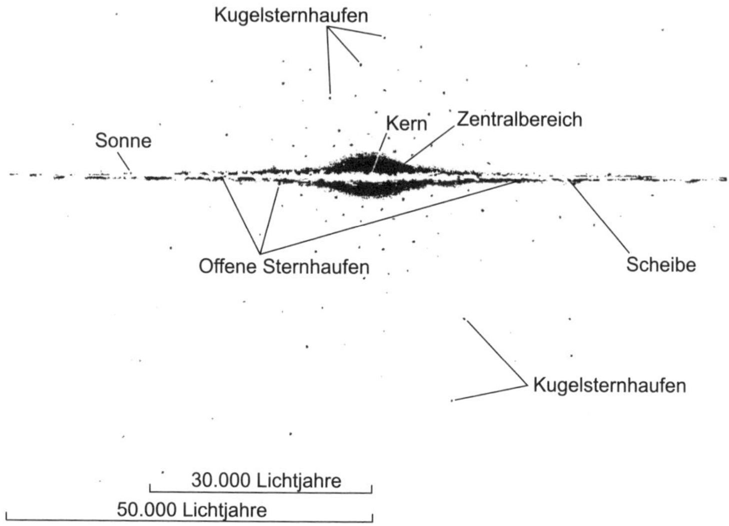


8

Hinweise zur Zeichnung:
Die Zeichnung soll den Kern der Galaxie, den Zentralbereich, die galaktische Scheibe (Spiralarme), die offenen Sternhaufen in der Scheibe, die Kugelsternhaufen außen herum enthalten. Ferner soll unsere Sonne und ihr Abstand vom galaktischen Zentrum sowie der Durchmesser oder Radius der Galaxie angegeben sein.

b) 3 Minuten,
Ein Schwarzes Loch ist eine große Massenansammlung auf kleinem Raum. 1
Dabei ist die Masse so groß, dass selbst Licht (elektromagnetische Strahlung) das Gebiet innerhalb des „Schwarzschildradius“ nicht verlassen kann. 2

c) 6 Minuten,

Aus der Aufgabe entnimmt man: T = 11,5 a und a = 815 AE

Mithilfe des 3. keplerschen Gesetzes gilt:

$$\frac{T^2}{a^3} \approx \frac{4\pi^2}{G \cdot M}$$

Für das Objekt und für die Erde in Bezug auf die Sonne ergeben sich die beiden Gleichungen:

$$\frac{(11{,}5\ a)^2}{(815\ AE)^3} = \frac{4\pi^2}{G \cdot M_{SL}} \qquad (I)$$ 1

$$\frac{(1\ a)^2}{(1\ AE)^3} = \frac{4\pi^2}{G \cdot M_{\odot}} \qquad (II)$$ 1

Teilt man (II) durch (I) folgt:

$$\frac{11{,}5^2}{815^3} = \frac{M_{\odot}}{M_{SL}} \quad \text{bzw.} \quad M_{SL} = 4{,}1 \cdot 10^6 \cdot M_{\odot}$$ 3

Man kann alternativ Gleichung (I) direkt unter Verwendung der Gravitationskonstanten lösen. Allerdings erhält man dann die Masse des Schwarzen Lochs in kg, die anschließend wieder in die Einheit Sonnenmassen ($M_{\odot}$) umgerechnet werden muss.

d) 5 Minuten,

Hier verwendet man die Gleichung für die Geschwindigkeit einer gleichförmigen Bewegung. Für eine Kreisbahn des Objekts SO-102 um das galaktische Zentrum und die für die Erde um die Sonne ergibt sich die folgende Kreisbahngeschwindigkeit:

$$v = \frac{\Delta s}{\Delta t} = \frac{2\pi \cdot r}{T}$$ 1

$$v_{SO} = \frac{2\pi \cdot 815\ AE}{11{,}5\ a} \qquad (I)$$ 1

$$v_{Erde} = \frac{2\pi \cdot 1\ AE}{1\ a} \qquad (II)$$ 1

Als Verhältnis erhält man:

$$\frac{v_{SO}}{v_{Erde}} = \frac{815}{11{,}5} = 71$$ 2

Somit bewegt sich SO-102 71-mal schneller auf seiner Bahn als die Erde.

e) 2 Minuten,
Der Schwarzschildradius (benannt nach Karl Schwarzschild) gibt den Radius des Bereichs an, aus dem man keinerlei Informationen aus einem Schwarzen Loch mehr erhalten kann. 1
Selbst Licht kann aus dem Bereich nicht fliehen, d. h. ihn nicht mehr verlassen. 1

f) 6 Minuten,
Die Fluchtgeschwindigkeit der Photonen ist in diesem Fall gleich der Lichtgeschwindigkeit, also gilt:

$$v_{Flucht} = \sqrt{\frac{2G \cdot M}{R_{Schwarzschild}}} = c$$ 2

Aufgelöst nach $R_{Schwarzschild}$:

$$R_{Schwarzschild} = \frac{2G \cdot M}{c^2}$$ 1

$$= \frac{2 \cdot 6{,}67 \cdot 10^{-11} \frac{m^3}{kg \cdot s^2} \cdot 4{,}1 \cdot 10^6 \cdot 2 \cdot 10^{30}\ kg}{\left(3 \cdot 10^8 \frac{m}{s}\right)^2}$$ 1

$$= 1{,}2 \cdot 10^{10}\ m = 0{,}081\ AE$$ 2

Der Radius des Merkurs beträgt, wie man aus der Formelsammlung abliest, 0,387 AE. Also ist der Radius des Merkurs fast fünfmal so groß wie der Schwarzschildradius des Schwarzen Lochs. 1

**2** a) 10 Minuten,
Kugelsternhaufen sehen im Fernrohr wie verwaschene Scheibchen aus. Sie beinhalten einige 100 000 Sterne auf einen Durchmesser von ca. 60 pc. 2
Sie sind Mitglieder des galaktischen Halos, aber auch im Zentrum der Galaxie zu finden. In den Kugelsternhaufen befinden sich meist ältere Sterne – auch viele weiße Zwerge. 2

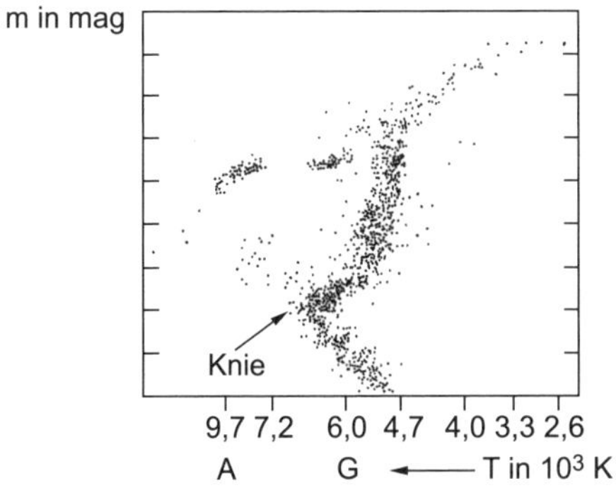


4

Hinweise zur Zeichnung:
- Größe an den Achsen angeben
- verkürzte Hauptreihe mit „Knie“; eine sinnvolle Temperaturangabe beim Knie
- viele rote Riesen und Überriesen

In einem HR-Diagramm ist ein „Knie“ zu erkennen, welches das Alter des Sternhaufens festlegt: 2
Jüngere Hauptreihensterne der Klassen O, B und zum Teil A sind schon im Riesenstadium oder im Endstadium.

b) 3 Minuten,
H. Shapley hat Entfernungen zu Kugelsternhaufen bestimmt und den Massenmittelpunkt der Sternhaufen berechnet. 1
Dabei stellte sich heraus, dass der Mittelpunkt ca. 26 000 ly von der Sonne entfernt liegt. 2

c) 5 Minuten,
Alle RR-Lyrae-Sterne haben in etwa die absolute Helligkeit $M = 0,6$. 1
Mithilfe des Entfernungsmoduls

$$m - M = 5 \cdot \lg\left(\frac{r}{10\ \text{pc}}\right)$$ 1

berechnet sich die Entfernung zu:

$$r = 10^{\frac{m-M}{5}} \cdot 10\ \text{pc}$$

$$= 10^{\frac{15,3-0,6}{5}} \cdot 10\ \text{pc} = 8,7 \cdot 10^3\ \text{pc} = 2,8 \cdot 10^4\ \text{ly}$$ 3

**3** a) 7 Minuten,

Für die absolute Helligkeit M des Sterns HD40307 gilt:

$$M - M_{\odot} = -2{,}5 \cdot \lg\left(\frac{L}{L_{\odot}}\right)$$ 1

Aufgelöst nach M:

$$M = -2{,}5 \cdot \lg\left(\frac{L}{L_{\odot}}\right) + M_{\odot}$$ 1

$$= -2{,}5 \cdot \lg\left(\frac{1}{5}\right) + 4{,}8 = 6{,}5$$ 2

Die scheinbare Helligkeit berechnet man mit dem Entfernungsmodul:

$$m - M = 5 \cdot \lg\left(\frac{r}{10\ \text{pc}}\right)$$ 1

$$m = 5 \cdot \lg\left(\frac{r}{33\ \text{ly}}\right) + M$$

$$m = 5 \cdot \lg\left(\frac{42\ \text{ly}}{33\ \text{ly}}\right) + 6{,}5 = 7$$ 2

Wegen $m = 7 > 6$ (Hipparch-Grenze), kann man den Stern nicht mit bloßem Auge beobachten. 1

b) 3 Minuten,

Für die Hauptreihe gilt die Leuchtkraft-Masse-Beziehung $L \sim M^3$. Vergleicht man mit der Sonne, erhält man $L^* = M^{*3}$, oder 1

$$M^* = \sqrt[3]{L^*} = \sqrt[3]{\frac{1}{5}} = 0{,}58.$$ 2

Der Stern hat also nur 0,58 Sonnenmassen.

c) 7 Minuten,

In der Formelsammlung findet man für die Solarkonstante:

$$S = \frac{L}{4\pi \cdot r^2}$$ 1

Dabei ist L die Leuchtkraft des Sternes und r die Entfernung des bestrahlten Planeten. 1

Mit der Bedingung für die habitable Zone

$$\frac{S_{HD}}{S_{Erde}} \approx 1$$

kann man die Gleichung für die Solarkonstante für die HD Planeten und für die Erde einsetzen und erhält:

$$\frac{L_{HD}}{4\pi \cdot r_{HD}^2} \cdot \frac{4\pi \cdot r_{Erde}^2}{L_\odot} \approx 1$$ 1

$$\frac{r_{HD}^2}{r_{Erde}^2} \approx \frac{L_{HD}}{L_\odot} = 0,2 \text{ (siehe Angabe)}$$ 1

$$r_{HD}^2 \approx 0,2 \cdot r_{Erde}^2$$ 1

$$r_{HD} \approx \sqrt{0,2} \cdot AE = 0,45 \text{ AE}$$ 2

Somit kommt nur Planet g infrage, da seine Halbachse von 0,6 AE diesem Wert am nächsten kommt.

Hinweis: Bedenken Sie, dass je nach Alter des Systems die habitable Zone größer oder kleiner sein kann. Im jungen Sonnensystem gehörte die Bahn des Mars auch noch zur habitablen Zone in unserem Planetensystem. Bei älteren Planeten, die nicht mehr ausgleichend einwirken können, wird die Zone kleiner.
Alternativ kann man die einzelnen Planeten mit folgender Formel überprüfen:

$$S_{HD} = \frac{L_{HD}}{4\pi \cdot r^2} = \frac{0,2 L_\odot}{4\pi \cdot r^2} = \frac{0,2 \cdot 3,8 \cdot 10^{26}\,\text{W}}{4\pi \cdot r^2}$$

Man erhält folgende Werte, die mit $S_\odot = 1\,367 \frac{\text{W}}{\text{m}^2}$ zu vergleichen sind:

Planet b mit r = 0,05 AE: $S = 1,1 \cdot 10^5 \frac{\text{W}}{\text{m}^2}$

usw.

Planet f mit r = 0,25 AE: $S = 4,3 \cdot 10^3 \frac{\text{W}}{\text{m}^2}$

Planet g mit r = 0,6 AE: $S = 7,5 \cdot 10^2 \frac{\text{W}}{\text{m}^2}$

Planet g hat eine ca. halb so große Solarkonstante wie die Erde. Damit ist Planet g am ehesten in der habitablen Zone.

d) 4 Minuten,
Bei dieser Methode beobachtet man das Spektrum des Systems. Die Abbildung zeigt die Situation bei einem Stern mit Planeten. In der Skizze bewegt sich der Planet auf den Betrachter zu – erzeugt also eine (geringe) Blauverschiebung im Spektrum. Bewegt sich der Planet 2
rechts von seinem Stern, erzeugt er im Spektrum eine Rotverschiebung. Mithilfe des Dopplereffektes ($\frac{\Delta\lambda}{\lambda} = \frac{v}{c}$) kommt man an die 1
Bahngeschwindigkeit des Planeten.
Der Neigungswinkel der Bahnebene des Planeten zur Blickrichtung 1
(Inklinationswinkel) kann mit der Methode nicht bestimmt werden.

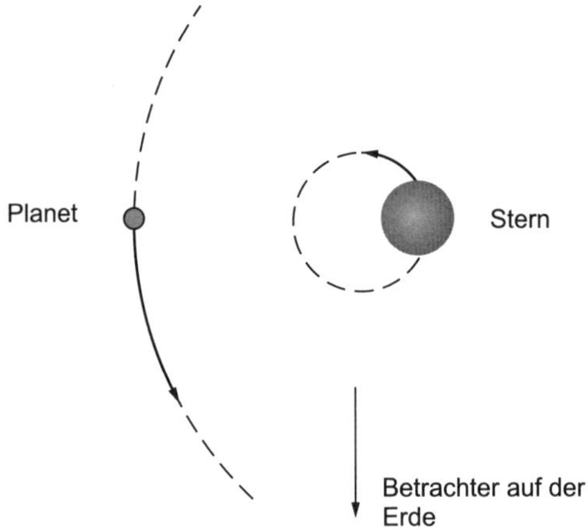

*(Bitte blättern Sie um)*